U0178800

人工智能与智能教育丛书　　袁振国／主编

周爱民　著

INTELLIGENT SEARCH AND OPTIMIZATION

智能搜索与优化

教育科学出版社
·北　京·

出 版 人　郑豪杰
责任编辑　张叶青
版式设计　私书坊　沈晓萌
责任校对　马明辉
责任印制　叶小峰

图书在版编目（CIP）数据

智能搜索与优化 / 周爱民著. — 北京：教育科学
出版社，2022.5
（人工智能与智能教育丛书/袁振国主编）
ISBN 978-7-5191-2678-0

Ⅰ.①智…　Ⅱ.①周…　Ⅲ.①搜索引擎—程序设计
Ⅳ.①TP391.3

中国版本图书馆CIP数据核字（2021）第280636号

人工智能与智能教育丛书
智能搜索与优化
ZHINENG SOUSUO YU YOUHUA

出 版 发 行　教育科学出版社
社　　　址　北京·朝阳区安慧北里安园甲9号　　邮　　编　100101
总编室电话　010-64981290　　　　　　　　　编辑部电话　010-64989011
出版部电话　010-64989487　　　　　　　　　市场部电话　010-64989009
传　　　真　010-64891796　　　　　　　　　网　　址　http://www.esph.com.cn

经　　　销　各地新华书店
制　　　作　北京思瑞博企业策划有限公司
印　　　刷　北京联合互通彩色印刷有限公司
开　　　本　720毫米×1020毫米　1/16　　　版　　次　2022年5月第1版
印　　　张　10.25　　　　　　　　　　　　　印　　次　2022年5月第1次印刷
字　　　数　92千　　　　　　　　　　　　　定　　价　68.00元

丛书序言

人类已经进入智能时代。以互联网、大数据、云计算、区块链特别是人工智能为代表的新技术、新方法，正深刻改变着人类的生产方式、通信方式、交往方式和生活方式，也深刻改变着人类的教育方式、学习方式。

人类第三次教育大变革即将到来

3000 年前，学校诞生，这是人类第一次教育大变革。人类开启了有目的、有计划、有组织的文明传递历史进程，知识被有效地组织起来，文明进程大大提速。但能够接受学校教育的人数在很长时间里只占总人口数的几百分之一甚至几千分之一，古代学校教育是极为小众的精英教育。

300 年前，工业革命到来。工业化生产向每个进入社会生产过程的人提出了掌握现代科学知识的要求，也为提供这种知识的教育创造了条件，这导致以班级授课制为基础的现代教育制度诞生。这是人类第二次教育大变革。班级授课制极大地提高了教育效率，使得大规模、大众化教育得以实现。但是，这种教育也让人类付出了沉重的代价，人类教育从此走上了标准化、统一化、单一化道路，答案标准、节奏统一、内容单一，极大地限制了人的个性化和自由性发展。尽管几百年来人们进行了各种努力，力图通过学分制、选修制、弹性授课制等多种方式缓解和抵消标准化班级授课制带来的弊端，但总的说来只是杯水车薪，收效甚微。

今天，网络化、数字化特别是智能化，为实现大规模个性化教育提供了可能，为人类第三次教育大变革创造了条件。

人工智能助力实现教育个性化的关键是智适应学习技术，它通过构建揭示学科知识内在关系的知识图谱，测量和诊断学习者的已有水平，跟踪学习者的学习过程，收集和分析学习者的学习数据，形成个性化的学习画像，为学习者提供个性化的学习方案，推送最合适的学习资源和学习路径。在反复测量、推送、跟踪学习、反馈的过程中，把握学习者的最近发展区①，为每个人提供最适合的学习内容和学习方式，激发学习者的学习兴趣和学习热情，使学习者获得成就感、增强自信心。

智能教育将是未来十年人工智能发展的"风口"

人工智能正在加速发展。从人工智能概念的提出，到

---

① 最近发展区理论是由苏联教育家维果茨基（Lev Vygotsky）提出的儿童教育发展观。他认为学生的发展有两种水平：一种是学生的现有水平，指独立活动时所能达到的解决问题的水平；另一种是学生可能的发展水平，也就是通过教学所获得的潜力。两者之间的差异就是最近发展区。教学应着眼于学生的最近发展区，为学生提供带有难度的内容，调动学生的积极性，使其发挥潜能，超越最近发展区而达到下一发展阶段的水平。

人工智能的大规模运用，花费了 50 年的时间。而从深蓝（Deep Blue）到阿尔法狗（AlphaGo），再到阿尔法虎（AlphaFold），人工智能实现三步跨越只用了 22 年时间。

1997 年 5 月，IBM 的电脑深蓝在一场著名的人机对弈中首次击败了国际象棋大师加里·卡斯帕罗夫（Garry Kasparov），证明了人工智能在某些情况下有不弱于人脑的表现。深蓝的主要工作原理是用穷举法，列举所有可能的象棋走法，并利用为加速搜索过程专门设计的"象棋芯片"，采用并行搜索策略进一步加速，在搜索广度和速度上战胜了人类。

2016 年 3 月，谷歌机器人阿尔法狗第一次击败职业围棋高手李世石。阿尔法狗的主要工作原理是"深度学习"。深度学习（deep learning）是一种复杂的机器学习算法，它试图模仿人脑的神经网络建立一个类似的学习策略，进行多层的人工神经网络和网络参数的训练。上一层神经网络会把大量矩阵数字作为输入，通过非线性加权和激活函数运算，输出另一个数据集合，该集合作为下一层神经网络的输入，反复迭代构成一个"深度"的神经网络结构。深度学习本质上是通过大数据训练出来的智能，其最终目标是让机器能够像人一样具有分析学习能力，能够识别文字、图像和声音等数据。

2019 年谷歌的阿尔法虎可以仅根据基因"代码"来预测生成蛋白质 3D 形状。蛋白质是生命存在的基础，和细胞组成内容息息相关。蛋白质的功能取决于它的 3D 结构，通过把基因序列转化为氨基酸序列，绘制出蛋白质最终的形状，是科学家一直在研究和探讨的前沿科学问题。一旦研究得出结果，将帮助我们解开生命的奥秘。阿尔法虎的工作原理是使用数千个已知的蛋白质来训练一个深度神经网络，利用该神经网络来预测未知蛋白质结构的一些关键参数，如氨基酸对之间的距离、连接这些氨基酸的化学键及它们之间的角度等，从而发现蛋白质的3D结构。

深蓝是经典人工智能的一次巅峰表演，通过算法与硬件的最佳结合，将传统人工智能方法发挥到极致；阿尔法狗是新兴的深度学习技术最具成就的一次展示，是人工智能技术的一次质的飞跃；阿尔法虎则是新兴深度学习技术在应用上的一次突破，超乎想象地完成了人难以完成的蛋白质结构学习这个生命科学领域的前沿问题。从深蓝到阿尔法狗用了近20年时间，从阿尔法狗到阿尔法虎只用了3年时间。人工智能技术更新迭代的速度越来越快，人工智能应用场景也从棋类等高级智力游戏向生物医学等科学前沿转变，这将从方方面面影响甚至改变人类生活。随着人工智能从感知智能向认知智能发展，从数据驱动向知识与数据联合驱动跃进，人工智能的可信度、可解释性不断提高，应用的广度和深度无疑将会得到难以想象的拓展。

教育是人工智能应用的最重要和最激动人心的场景之一，正在成为人工智能的下一个"风口"。国家主席习近平向2019年在北京召开的国际人工智能与教育大会所致贺信中指出："中国高度重视人工智能对教育的深刻影响，积极推动人工智能和教育深度融合，促进教育变革创新，充分发挥人工智能优势，加快发展伴随每个人一生的教育、平等面向每个人的教育、适合每个人的教育、更加开放灵活的教育。"同年10月，中共十九届四中全会通过了《中共中央关于坚持和完善中国特色社会主义制度推进国家治理体系和治理能力现代化若干重大问题的决定》，明确提出在构建服务全民终身学习的教育体系中，应发挥网络教育和人工智能优势，创新教育和学习方式，加快发展面向每个人、适合每个人、更加开放灵活的教育体系。把握历史机遇，抢占人工智能高地，引领人类第三次教育变革，时不我待。

智能教育前景无限、任重道远

人工智能在教育场景的应用，与工业、金融、通信、交通等场景不同，与医疗、司法、娱乐等场景也有显著的不同，它作用的对象是人，是人的思想、感情、人格，因而不仅仅要提高效率、赋能教育，更要关注教育的特殊性，重塑教育。但到目前为止，人工智能在教育中的运用尚停留于教育的传统场景，是以技术为中心，是对现有教育效能的强化，对现有教育效率的提高。至于现有教育效能是否需要强化，现有教育效率是否需要提高，尚缺乏思考，更缺少技术应对。我把目前这种状态称为"人工智能＋教育"。而我们更需要的是基于促进人的发展的需要的智能教育，是以人的发展为中心，以遵循教育规律为旨归，它不仅赋能教育，更是重塑教育，是创设新的教育场景，促进教育的变革，促进人的自由的、自主的、有个性的发展，我把它称为"教育＋人工智能"。

智适应学习的研究和运用目前也尚处于知识教学的层面，与全面育人的理念和教育功能相差甚远。从知识学习拓展到能力养成、情感价值熏陶，是更大的目标和更大的挑战。研发 3D 智适应学习系统，即通过知识图谱、认知图谱、情感图谱的整体开发，实现知识、能力、情感态度教育的一体化，提供有温度的智能教育个性化学习服务。促进学习者快学、乐学、会学，促进学习者成长、成功、成才，是"教育＋人工智能"的出发点，也是华东师范大学上海智能教育研究院的追求目标。

培养智能素养，实现人机协同

人工智能不仅正进入各行各业，深刻改变所有行业的面貌，而且影响到我们每个人的生活；不仅为智能教育的发展创造了条件，也提出了提高教师运用智能教育技术改进教学方式的能力的要求，提出了提高全民智能素养的要求。关键的一点是学会人机协同。在智能时代，能否人机互动、人机协同，直接关系到一个人的工作效能，关系到学生学习、教师教学的效能和价值，也关系到每个人的生活能力和生活质量。对全体国民来说，提高智能素养，了解人工智能的基本原理、功能和产品使用，就如同工业革命到来以后，了解现代科学的知识一样，已成为每个公民的必备能力和基本素养。为此，我们组织编写了这套"人工智能与智能教育丛书"。

本丛书聚焦人工智能关键技术和方法，及其在教育场景应用的潜在机会与挑战，提出智能教育的未来发展路径。

为了编写这套丛书，我们组建了多学科交叉的研究团队，吸纳了计算机科学、软件工程、数据科学、心理科学、脑科学与教育科学学者共同参与和紧密结合，以人工智能关键技术为牵引，以教育场景应用为落脚点，力图系统解读人工智能关键技术的发展历史、理论基础、技术进展、伦理道德、运用场景等，分析在教育场景中的应用形式和价值。

本丛书定位于高水平科学普及，人人需看；秉持基础性、可靠性、生动性，从读者立场出发，理论联系实际，技术结合场景，力图通俗易懂、生动活泼，通过故事、案例的讲述，深入浅出、图文并茂地讲清原理、技术、应用和前景，希望人人爱看。

组织和参与这样一个跨越多学科的工程，对我们来说还是第一次尝试，由于经验和能力有限，从丛书整体策划到每一分册的写作，一定都存在许多不足甚至错误，诚恳希望读者、专家提出批评和改进建议。我们将不断更新迭代，使之不断完善。

华东师范大学上海智能教育研究院院长　袁振国

2021 年 5 月

目　　录

一　什么是智能搜索与优化——田忌赛马

从田忌赛马到搜索与优化

在距今 2000 多年的战国时代，诞生了一则流传至今的故事——田忌赛马。齐国的大将田忌经常与齐威王赛马。他们各自的马都分为上、中、下三等。比赛的时候，齐威王总是用自己的上等马对战田忌的上等马、中等马对战中等马、下等马对战下等马。因为齐威王每个等级的马都比田忌的马要厉害一点，所以每次比赛田忌的马都完败。

在一次失败后，垂头丧气的田忌碰到了好朋友孙膑。孙膑招呼田忌到近前，神秘地说："你再同齐威王比赛一次，这次我保准你能取胜。"田忌将信将疑地约齐威王再赛一次。比赛开始后，孙膑先以田忌的下等马对战齐威王的上等马，第一局自然输了，0∶1；第二局比赛中，孙膑拿田忌的上等马对战齐威王的中等马，胜了一局，1∶1；决胜局中，孙膑拿田忌的中等马对战齐威王的下等马，又胜了一局，2∶1。这样，以同样的马匹，孙膑只是调整了一下它们的比赛顺序，就以2∶1的成绩战胜了齐威王（见图1-1）。

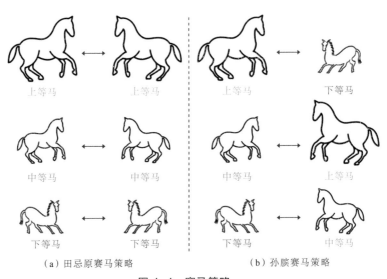

（a）田忌原赛马策略　　　　　　（b）孙膑赛马策略

图 1-1　赛马策略

　　通过调整赛马的顺序赢得比赛的关键在于田忌的上等马的速度比齐威王的中等马的速度快，而田忌的中等马的速度比齐威王的下等马的速度快，而如果连齐威王的中等马都比田忌的上等马强，田忌就必输无疑了。孙膑的策略为田忌提供了获胜的可能。田忌赛马的故事不仅告诉我们孙膑多么聪明，更告诉我们在解决问题的时候对可能的策略进行搜索和优化的重要性。事实上，搜索与优化问题和我们的日常生活息息相关。比如，在日常生活中，我们总是希望把事情做得尽善尽美；在体育赛事中，我们总是追求更快、更高、更强；在工业生产中，我们总是精益求精；在科学研究中，我们总是追寻真理。我们可以列举出许多搜索与优化的相关例子，这表明搜索与优化是一类重要的方法，普遍应用于人们学习、工作和生活的多种场景。同时，以搜索与优化的思维去分析问题是人类天生具有的一种本领。在日常生活中，我们也总是在主动或被动地使用这种本领。比如，主妇们一边用洗衣机洗衣服一边打扫房间，以节省时间；在学校里，教务人员总是尽可能把每位老师的课时安排均匀，防止部分老师过于繁忙。人工智能是模拟、延伸和扩展人类智能的技术科学。作为人类的一项本领，搜索与优化也是人工智能领域研究的重要内容。

当我们谈到搜索与优化的时候，实际上隐含了两个角度：一个是从问题的角度，说明我们碰到的待求解问题是一类搜索与优化问题，与其他类型的问题不同；另一个是从求解的角度，说明我们采用搜索与优化的方法来解决问题。那么，什么是搜索与优化问题，又有哪些搜索与优化方法呢？本书将带领大家走进搜索与优化的世界，特别是基于人工智能方法的搜索与优化，也简称为智能搜索与优化。

从田忌赛马的故事中，我们还能够提炼出搜索与优化问题的三个关键因素：优化目标、决策变量与决策空间。优化目标指的是我们求解问题的目标，比如，田忌的目标是他获胜的局数尽可能多。决策变量是我们所要求得的值，在田忌赛马的故事中，决策变量是田忌上等马、中等马和下等马比赛的出场顺序。决策空间是所有决策变量的取值范围，在田忌赛马的故事中，这个决策空间指的是田忌上等马、中等马和下等马的所有可能的出场顺序。所以对于田忌赛马这样一个问题，我们可以用搜索与优化的视角把它描述为：在给定的田忌的上等马、中等马和下等马的所有排列组合中，寻找一种最优的排列组合，使得田忌的马在比赛中尽可能比齐威王的马取得更多的胜局数目。

这样的描述虽然缺少故事性和趣味性，但是更具科学性。而对于搜索与优化问题最清楚的描述形式如下。

$$\max f(x)$$
$$\text{s.t.} \ x \in \Omega$$

其中 x 表示决策变量，Ω 表示决策空间，$f(x)$ 表示优化目标，max 表示我们要取最大的优化目标值。需要指出的是，如果我们的优化目标是取极小值，只需要在目标函数前面加上一个负号就可以等价于优化目标负数的极大值。因此，我们可以用极大值的形式来统一描述优化问题。

对于田忌赛马问题，决策空间是田忌上等马、中等马和下等马的所有排列组合，即 $\Omega = \{$ （上，中，下），（上，下，中），（中，上，下），（中，下，上），（下，上，中），（下，中，上）$\}$，共 6 种可能的取值。这 6 种取值对应田忌获胜的局数分别是：0，1，1，1，2，1。从这个结果可以看出，田忌的最优策略必然是 $x=$（下，上，中），这正是孙膑给出的策略。

从上面这段分析中我们可以看出，采用形式化的方法来描述搜索与优化问题不仅能够把问题描述得更清楚，而且能够进一步分析问题的最优解。事实上，几乎所有的搜索与优化问题都可以采用上面的数学公式来进行形式化描述。形式化描述具有重要的作用：首先，自然语言是具有二义性的，采用形式化描述能够比较好地消除二义性；其次，形式化语言是全世界通用的，用它来描述问题，也便于进行交流；最后，采用形式化描述，有利于我们对问题进行分类并寻找最合适的求解方法。因此，对于一个用自然语言描述的实际问题，采用形式化语言对其进行描述，是求解该问题的首要一步。这个过程也被称为问题建模。

穷举法：一个普适的求解方法

对于前面给出的用形式化语言描述的搜索与优化问题，有没有什么方法能够求解呢？答案是有！有一个普适性的方法——穷举法，理论上能够求解任意一个搜索与优化问题。

什么是穷举法呢？为了求解我们上一节介绍的优化问题，对决策空间中的所有决策变量都逐一进行尝试，然后找出使得我们的目标函数取得最大值的那一个决策变量，就找到了问题的最优解，这就是穷举法。

如图 1-2 所示，给定起始点 S、终点 T 和 S、T 之间存在的所有节点，若已知节点之间连接边的情况，求从起点 S 到终点 T 最短的一条路径。对于图 1-2 中的情况，使用穷举法把所有可能存在的路径列出，可以知道一共存在四条路径。在得到所有的路径之后，我们可以计算每条路径的长度，很自然地就可以求得最短的路径。

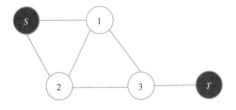

$S-1-3-T$
$S-1-2-3-T$
$S-2-3-T$
$S-2-1-3-T$

图 1-2 利用穷举法寻找起始节点 S 到目标节点 T 之间的最短路径

有人可能会想，穷举法只能对决策变量有限的离散问题有效，即我们只能对一定数量范围内的所有决策变量逐一验证，而它对决策变量不可数的情况是无能为力的，怎么能说穷举法是一个普适性的通用算法呢？其实这个问题很好解决，计算机处理的数据都有一定的精度，在给定精度的情况下，实数都可以离散化。比如，我们用一个变量来描述时间，如果我们把精度设置为分，则 1 小时可以离散成 0，1，2，…，60 等 61 个数；如果把精度设置成秒，则 1 小时可以离散成 0，1，2，…，3600 等 3601 个数。同样，对于长度、重量等变量，我们都可以在给定的精度范围内将它们离散成可数的变量。经过这样的处理之后，原来不能用穷举法求解的问题就变得可以求解了，需要注意的是，变量离散化需要在保证精度的前提下进行。事实上，计算机就是这样处理连续数或实数的。

看上去，穷举法已经能够很好地解决搜索与优化问题了，事实真的如此吗？我们来看一个例子，假设有一位销售员要到全国一些主要城市出差，他需要到每个城市一次且只到一次并最终回到出发的城市。我们如何设计一个旅行的方案，使得销售员走的路径长度最短呢？假设有 n 个城市，编号分别是 1，2，…，n。为了简单起见，我们还可以假设销售员所在的城市编号是 n，我们发现可以用 1，2，…，$n-1$ 的一个排列来表示销售员走过的路径，现在我们要求找到一个最佳的排列使得所走过路径最短。这个问题被称作旅行商问题（travelling salesman problem，TSP）。TSP 是一个非常经典的组合优化问题，也是一个标准测试问题，常用来检验搜索与优化算法的性能。对于这个问题，其决策空间是 1，2，…，$n-1$ 的所有排列组合，总数为 $n-1$ 的阶乘。假设我们现有的一台计算机在 1 秒内能检测 10000 种排列情况，表 1-1 给出了对于不同城市数目用穷举法所需要的检测时间。

表 1-1　TSP 规模与求解时间关系

城市数目 n	10	20	50	100	1000
时间	36 秒	3.86×10^5 年	1.93×10^{51} 年	2.96×10^{144} 年	1.3×10^{2553} 年

我们发现，随着城市数目的增加，求解时间急剧增长。宇宙中基本粒子的个数大概为 10^{77}—10^{83} 个这么多，当城市数为 100 的时候，所有可能的排列总数已经远超过了宇宙中基本粒子的总数，当然也远远超过了现在计算机的计算能力。我们把这种现象称为组合爆炸，它指的是随着问题规模的增大，决策变量的所有组合数目会迅速增加，最终导致无法穷举决策变量。组合爆炸问题不是特殊现象，我们经常会碰到这样一类问题。

从这个角度来看，虽然穷举法理论上可以解决任意一个搜索与优化问题，但是当它碰到组合爆炸的时候，还是无能为力。显然，根本原因在于计算机能力或资源是有限的，不能给穷举法提供无限的计算能力。因此，对于优化算法来说，在求解实际问题的时候还需要加上一个对计算资源的限定。否则，比如，在我们用手机规划一条导航路径的时候，如果手机需要计算 10 分钟才能给出一个结果，我们显然是无法接受的。

再回到这一节开头的问题，我们现在可以说不存在一种通用的算法来求解所有的优化问题。从实际应用的角度来说，我们目前还没有设计出一个通用的高效方法能够在计算资源有限的前提下获得高质量的最优解。我们该如何解决这些优化问题呢？一种直接的想法是，虽然我们无法设计一个通用的算法，但是我们可以把问题进行细分，再对细分的问题类别，分别设计求解方法。

问题特性与分类

从前面的分析中可以看出，对于一个实际的搜索与优化问题来说，我们要对其问题特性进行分析，并据此对该问题进行分类并找到对应的求解方法。那么，我们可以对搜索与优化问题做哪些分类呢？实际上，我们可以有多种分类标准。

首先，我们可以根据决策变量的类型来进行分类。根据决策变量类型的不同，我们可以把问题分为连续优化问题、离散优化问题和混合优化问题。其中，连续优化问题指的是决策变量总是取连续的值，比如时间、温度、长度等等。这样一些变量需要用连续变量表示。对于离散优化问题，最简单的情况是决策变量只能取 0 或 1。比如，要用一个变量来描述开关的状态，就可以用 0 和 1 分别来表示开和关两种状态，这类特殊问题又被称为 0-1 优化问题。对其他类型的离散优化问题，我们都可以用整数来表述。比如，TSP 中经过城市的序列就是一个整数序列；再比如，一张普通的彩色照片上的每个像素点由红、绿、蓝三个通道来表示，每个通道的取值范围是 0—255 之间的一个整数，这类问题又可以被称为整数规划问题。而混合优化问题中既包含离散变量，又包含连续变量。比如，我们有一笔资金要投入股市，那么我们是否要对市场上的各只股票投资就可以用 0-1 变量来表示，而投资到每只股票上的资金比例就是一个连续变量。

其次，我们可以根据决策空间的属性来进行分类。决策空间一般分为带约束和不带约束两种情况。最简单的约束用来限定决策变量的取值范围，比如，一个表示温度的变量，其取值不能低于绝对零度，即 -273.15℃。我们还可以对决策变量之间的关系做出限定，这些限定可以用线性或者非线性函数来表达，因此分别被称为线性约束和非线性约束。这些限定也可以通过等式或不等式来表达，因此被称为等式约束或不等式约束。约束改变了决策空间的大小或性质，特别是等式约束给问题求解带来了巨大的挑战，除了一些简单约束问题或特殊问题，对复杂的一般性约束问题，目前也没有特别好的求解方法。

再次，我们可以依据目标函数的类型来进行分类。这里也包含多种分类方式，比如，根据目标函数是否由解析表达式呈现或能否直接计算梯度可以分成两类：有解析表达式或能直接计算梯度的问题被称为白盒问题，没有解析表达式且无法直接计算梯度的被称为黑盒问题。对于黑盒问题，我们只能通过给一组决策变量来计算其对应的目标函数值。这就好像要解析化学原料配方，我们只能利用这组化学原料将产品生产出来，才能知道产品的性能，进而了解配方的优劣。问题的性质未知，给问题求解也带来了诸多障碍。根据目标函数是凸函数还是非凸函数，又可以分为凸优化问题和非凸优化问题。凸优化问题的全局最优解比非凸优化问题要相对容易求解。还有，我们可以根据目标的数目，把问题分为单目标优化问题和多目标优化问题。单目标优化问题是指它的优化目标只有一个，多目标优化问题是指存在两个或以上数目的优化目标。在现实生活中有很多这样的例子。比如，在生产零部件的时候，我们不仅要求零部件的质量好，而且要求生产成本低，这样就存在两个优化目标。我们还可以根据局部最优解的数量，把问题分为单峰问题和多峰问题。单峰问题就是只有一个局部最优解，多峰问题包含多个甚至无穷多个局部最优解。

最后，我们还可以从应用的角度，针对不同的应用场景来对问题进行分类。比如网络优化问题是指网络环境下的一些优化问题，比如最优网络布局等；金融优化问题是指金融领域的一些优化问题，比如最佳组合投资策略等；

教育优化问题是指教育领域的一些优化问题，比如最佳课程资源分配等。针对不同的应用领域，我们都可以定义一些相应的优化问题。

图1-3是搜索与优化问题的一个简单的分类示意图。需要说明的是，对一个真实的优化问题往往可以做多种分类。比如，一个股票组合投资问题是一个金融优化问题，还可以是一个具有混合变量的问题，可能包含复杂的约束条件，还可能有多个优化目标。

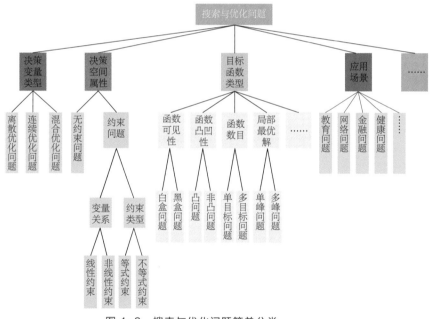

图1-3　搜索与优化问题简单分类

我们对搜索与优化问题做了一些简单的分类，目的不只是对问题进行分类，而是要通过分类，对同一类别的问题找出共同特征并设计高效的求解方法。

启发式方法

对于一些复杂的搜索与优化问题，我们当然期望能在时间尽可能短、代价尽可能小的情况下找到问题的最优解。上面几节的分析也表明了，这是很难办到的，我们不能既让马儿跑又让马儿不吃草。人类在发展的历史中，经常碰到各种超出自身处理能力的问题，那么人类是怎样解决这些问题的呢？对于这样的复杂问题求解，我们的祖先总结了各种各样的原则。比如化繁为简，也就是去掉一些繁复的细节，聚焦主要矛盾；比如分而治之，也就是将大的问题分解成一系列小的问题，各个击破。办法总比问题多，虽然问题复杂，但是可以从不同角度或不同侧面来求解。这背后隐含了一个朴素的原理，即虽然我们不能直接解决原问题，但我们可以尽可能靠近原问题。

在搜索与优化领域，上述原理同样适用。当搜索与优化问题规模过大或过于复杂时，我们总是在有限资源条件下想办法找一个尽可能好的解，以逼近原问题的最优解。在人工智能领域，我们把这类计算机自动进行搜索与优化问题求解的方法称作启发式搜索与优化方法。这类方法利用待求解问题的启发式信息来引导搜索与优化，从而达到减小搜索空间、降低复杂度、提高搜索效率的目的。

正如前面介绍的，当问题规模过大时，穷举法难以遍历决策空间中的所有决策变量。启发式方法可以看作对穷举法的一种改进，或者是一类部分空间内的穷举法。它试图在求解质量和求解效率之间达到某种平衡，一方面要求得到的解的质量足够好，要离最优解尽可能地近；另一方面，求解的效率要足够高，也就是算法实际搜索的空间尽可能小。所以，启发式搜索与优化最终可以转换为这样一个问题：如何来定义一个决策空间的子集，使得该子集尽可能小，同时该子集包含好解的可能性尽可能大。

如何做到这一点呢？让我们回顾一下人类对复杂问题的求解思路。当我们碰到一个复杂问题的时候，我们一般不会直接采用一个方法去硬着头皮求解，相反会对问题做一系列的分析。比如，看看这个问题有什么特征，这个问题跟我们已经求解过的问题是否相似，问问其他人是否有好的经验或方法，等等。这里面涉及一个关键词——问题信息，我们首先要得到并分析问题的各种信息，从而寻找、设计最合适的求解方法。

图1-4显示了一个跟图1-2类似的问题，但节点数目更多，将所有从起点 S 到终点 T 的路径列出来是十分烦琐的，而如果给定启发式信息：终点 T 在起点 S 的右下方，那么在寻找最短路径的时候，每一次移动总是优先朝着右下方走，可以得到路径 S-5-10-T。虽然无法判断这条路径是否最短，但是至少它不是一条很坏的路径。

有了计算机的帮助，我们可以更好、更快地来获取问题信息，分析与其他问题的相似性等。那么，问题信息有哪些呢？我们一般可以把问题信息分为三类：第一类我们称之为先验信息，也就是在问题求解之前，通过分析问题

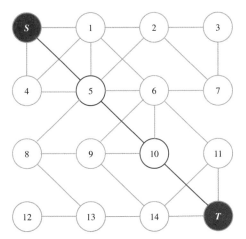

图 1-4　利用启发式方法寻找起始节点 S 到目标节点 T 之间的最短路径

得到的信息；第二类我们称之为在线信息，也就是在问题求解过程中，通过数据分析挖掘得到的问题信息；第三类我们称之为迁移信息，也就是将类似问题的信息迁移到该问题求解的信息。

　　需要指出的是，启发式搜索与优化方法经常需要用到人的经验和直觉。另外，在线信息获取只是利用问题的部分数据和描述，这些信息不一定准确，因此很难保证搜索到最优解。一般来说，我们获取的信息越准确、越强，算法实际搜索的空间就越小。这些都依赖算法设计者。

搜索与优化发展历程

　　下面我们来看一下搜索与优化的发展历史。前面提到，一部人类发展史就是不停与复杂环境斗争的历史。在这个过程中，人们不断总结求解复杂问题的经验与教训，自觉或者不自觉地总结出了一些求解搜索与优化问题的原则和策略。

搜索与优化作为一门真正的学科发展是近一百年左右的事情。二十世纪三四十年代，在"二战"中，军事作战的一些需求中出现了大量有关搜索与优化的问题。比如，英国如何最大化雷达的搜索范围来系统对付德国空袭，如何高效率地将军事物资从美洲运送到欧洲，等等。为了解决这样一些搜索与优化的问题，一门新的学科逐渐蓬勃发展起来，这门学科被称为运筹学。"二战"期间，运筹学成功地解决了许多重要的作战问题。战后工业生产恢复繁荣后，人们又面对着车间的生产调度、管理等搜索与优化问题，这些问题基本上与战争中的搜索与优化问题相似，只是应用的环境不一样。

在运筹学发展的早期，人们更倾向于采用数学方法来进行问题的求解。比如，1939年苏联数学家康特洛维奇（L.V. Kantorovich）在《生产组织与计划中的数学方法》一书中提出了线性规划问题，研究了如何在生产组织管理和交通运输方案的制定中应用线性规划模型。1947年美国数学家丹捷格（G.B. Dantzig）提出了求解线性规划的单纯形法，为线性规划的理论和计算奠定了基础。1948年美国数学家约翰（Fritz John）提出了非线性规划的最优条件，卡鲁什（W. Karush）、库恩（H.W. Kuhn）和塔克（A.W. Tucker）分别在1939年和1951年提出了更为实用的KKT最优性条件，为求解非线性问题提供了理论基础。这些数学规划的方法往往对问题有比较强的假设。比如，单纯形法要求问题模型必须是线性模型，梯度下降等方法要求所求问题具有连续和光滑等特性。

这些条件实际限制了方法的应用，在实际中我们可能很难将一个问题简化为线性模型，或者难以确认一个问题是否连续、光滑。20世纪50年代，随着计算机发展及人工智能技术的飞跃，启发式搜索与优化方法逐渐获得了发展。各种智能算法如雨后春笋般出现。虽然有各种各样的名称和叫法，但是我们需要认识到，这些方法整体上还是属于启发式方法的范畴，它们也具有共同的原理和较强的相似性。本书的目的之一就在于对这些智能算法做一些大的分类，便于读者了解和学习。

应用和问题是驱动研究进行的重要动力。在搜索与优化领域也是如此。近几十年，一些新的应用场景和技术的出现，推动了搜索与优化方法的发展。比如，压缩感知技术的发展得益于稀疏优化方法的出现，深度学习的应用也依赖于神经结构搜索（neural architecture search, NAS）的进步，大规模工业设计优化的基础是近年来快速发展的代理模型优化方法，等等。

小结

这一章对智能搜索与优化做了简要介绍。我们通过田忌赛马这个大家耳熟能详的例子，引出了搜索与优化问题的一个形式化描述。只有通过形式化描述，我们才能更好、更科学地来求解一些问题。对于这一类问题的求解，我们介绍了一个普适性的方法：穷举法，即通过遍历所有的可能解来获取最优解。这个方法虽然求解性能相对而言是比较差的，但它为我们后续要介绍的方法提供了基础。接着，我们认识到不存在一个能对所有的优化问题都非常有效的方法，因此需要对不同类型的问题设计不同的解决方法。于是，我们对问题进行了一系列的分类，包括从决策变量、决策空间、目标函数，以及应用领域等常见的角度进行划分。不同分类的问题通常都有独特的求解算法。需要指出来的是，我们从不同角度对问题进行了分类，但是实际上一个真实问题可能是包含多个角度、横跨多个类别的。比如，一个问题可能是一个混合的优化问题，既包含连续变量，又包含离散变量，而同时它又是一个带约束的问题，它的目标函数可能包含多个目标，它的应用场景可能是在网络领域或者教育领域。所以对一个真实的问题，我们需要对它从不同角度进行分类。

随着人工智能技术的出现和发展，搜索与优化也逐渐成为人工智能领域里面的一个重要研究方向，甚至可以说是一个基本的研究方向。因为人工智能里的很多问题，都可以被抽象成为一个搜索与优化问题。在人工智能领域，一般侧重研究启发式的搜索与优化方法。这类方法最重要的特点就是利用问题的特性来缩小搜索空间，同时保证能够得到一个相对比较好的解。在接下来的几章里面，我们会通过一些例子具体介绍一些常用的智能搜索与优化方法。

二　条条大路通罗马——最短路径

从谚语走入最短路径问题

　　"条条大路通罗马"是一句著名的西方谚语。罗马帝国为了加强统治，修建了以罗马为中心，通向四面八方的大道。从亚平宁半岛乃至整个欧洲的任何一条大道开始旅行，只要不停地走，最终都能到达罗马（见图 2-1）。如此便利的交通，有时也会带来一些烦恼：如果一个商人特别急切地需要赶到罗马，面对四面八方的可行道路，到底该选择哪一条，才能够在最短时间内到达呢？

　　日常生活中，我们也经常会遇到相似的困扰：使用公共交通出行，如何选择换乘路线以保证最快到达目的地；自驾出行，选择哪条路线可以保证行驶的路程最短……。诸

图 2-1　条条大路通罗马

如高德地图、百度地图等手机 APP 的设计就是为了提高日常交通出行的效率，它们所要解决的主要问题就是知名的最短路径问题。

最短路径问题是图论研究中的一个经典算法问题，也是图搜索问题中的一个分支。图论中的图是由若干给定的点（称为顶点）以及连接两点的线（称为边）所构成的图形，最短路径问题的实质就是从两个顶点连通的边组合中，寻找开销最小的那条路径。有关开销的定义有很多，具体拿我们在高德地图 APP 上搜索路线的过程为例：如果想要选择通勤时间最短的交通方式或者出行路线，那么开销就是以时间为度量单位的；如果想要选择换乘次数最少的交通方式，那么开销就是以换乘次数为度量单位的；如果想要选择步行距离最短的出行方式，那么开销就是以从出发地到目的地之间包含前往车站、换乘步行、下车（地铁）前往目的地等阶段所需要步行的距离作为度量单位的。

在介绍完最短路径的基本概念后，我们可以开始思考如何入手解决最短路径这类问题了。按照上一章所介绍的内容，我们所能想到的直观解决思路或许是将所有可行的路径一一列举出来，分别计算每一个路径方案的开销，从中选择开销数值最小的路径作为最终的结果输出。可是实际生活中，这种方法具有一些不容忽视的缺点。

首先，真实地图中包含的顶点和边的数量非常巨大，如果采用穷举法进行方案筛选，无论是计算机计算还是人工计算都无法在有限时间内找全所有可行方案，并在比较其开销大小后给出最优答案。而对于一款 APP 来说，较长的响应时间和迟钝的搜索速度将大幅度降低用户的使用体验，从而造成用户以及潜在用户的流失。

其次，计算机在进行最短路径问题求解的时候，采用盲目的搜索方法，会造成过多计算资源的浪费。这具体体现在，计算机不知道沿着哪个方向或哪条路径可以到达目的地，可能会沿着错误的方向展开徒劳的搜索，因而永远没有办法搜索到目的节点。毕竟并非任何一个目的地都是罗马。在地图本身信息量就很大的前提下，这样的徒劳搜索会占用很多计算资源和存储空间。值得庆幸的是，很多优秀的学者对该问题展开了探讨并给出了大量实际有效的解决方案，在本章接下来的几节内容里，我们会从一个具体事例入手，逐步了解寻找最短路径的多种高效的解决思路。

寻宝问题

本节，我们将介绍一个简单易懂的最短路径问题。如

图 2-2 所示，小羽同学在森林中寻宝，假设她目前的所在地为 A 点，她想找到的宝藏在地图上的位置为 B 点。虽然小羽同学知道"两点之间线段最短"的数学知识，可不幸的是，A 点和 B 点之间存在着一条湍急的河流，无法直接渡过。而夜晚正降临，黑暗正逐渐笼罩这片森林，滞留在森林里变得越来越危险，那么我们该如何帮助小羽迅速找到宝藏，使她可以安全回家呢？

图 2-2　小羽寻宝

首先，我们可以通过对问题进行数学建模来入手。将目前的搜索区域划分为等大的方格（见图 2-3），这样每个方格就可以使用平面坐标系进行唯一标识并以二维数组的形式存储下来。之后的描述中，我们统一将每个方格的中心点称为一个节点。

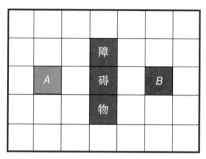

图 2-3　小羽寻宝格式化图

接着，在数学建模的基础上，我们采用形式化语言对该问题进行描述，以更方便地寻找解决方案。回顾第一章的内容，搜索与优化问题中包含三个关键因素，分别是优化目标、决策变量与决策空间。在这道题目里，优化目标函数 f 是指小羽从 A 点出发，经过更少的节点数到达目的地 B 点；决策变量 x 是小羽从 A 点到达 B 点所经过的节点序列 $(x_A, x_{i1}, \cdots, x_B)$；所有节点序列组成的集合 Ω 就是所要求解的决策空间。在这个问题中，重复经过同一个格子或走回头路是明显浪费时间的行为，同时为了避免决策空间过于庞大，我们在形式化上加入了"小羽不走回头路"的规定，也就是说在节点序列中不包含一个节点出现两次的情况。基于上述内容，便可以得到下面的形式化表述。

$$\min f(x)$$
$$\text{s.t. } x \in \Omega$$

注意这里的公式和第一章中的公式有一点不同：优化函数目标由"赛马获胜局数尽可能多"变成了"经过更少的节点到达目的地 B 点"，因此，比较函数也由 $\max f(x)$ 变为 $\min f(x)$。

图搜索方法

我们在第一节中对最短路径问题的基本概念做了简要介绍，它属于图搜索问题中的一个小类，本节我们就从一般的图搜索方法开始介绍求解方法。

在图搜索问题中，求解过程一般都不能一步就获得结果。例如在小羽寻宝问题中，计算机也无法一步就求出最短路径的方向，求解过程往往包含很多不同的状态。回到图中，状态指的就是图结构中的节点，不同的节点对应着求解过程中所处的不同的求解状态，例如小羽的出发地 A 点对应着初始状态 S_{start}，宝藏所在地 B 点对应着结束状态 S_{end}，中间所经过的节点 X_i 对应着中间状态 S_i。我们将一次求解过程所经历的所有状态的集合称为状态空间，它可以十分形象地被看成是容纳不同状态的容器。当我们按照搜索顺序将一个又一个代表不同求解程度的状态，也就是节点连接起来，相当于在只有一个初始状态的状态图的基础上不断进行扩展，最终得到了一个图搜索问题中的基本结构——状态图，它的扩展过程称为状态图扩展。

状态图在计算科学中通常可以抽象为树。树状结构是一个非常实用的数据结构，最大特点就是利用了树有多个枝干，不同的枝干上还会衍生出新的枝干这一性质。将树状结构对应到状态的关系，可以概括为两类：父子关系以及兄弟关系。回到小羽寻宝情境中，从 A 点对应的状态 S_{start} 开始，下一步转换的新状态可以对应 A 点上下左右四个直接连接的节点。我们将四个节点分别称为 $S_上$、$S_下$、$S_左$、$S_右$。那么在这个描述中，S_{start} 就是状态 $S_上$、$S_下$、$S_左$、$S_右$ 四个状态的父状态，而 $S_上$、$S_下$、$S_左$、$S_右$ 四个状态互为彼此的兄弟。按照这样的思路继续扩展下去，当状态图扩展完毕时，我们也就得到了一棵完整的搜索树。从树的根节点——初始状态开始，沿着树的子代生成方向不断移动，直到结束状态，所经过的状态序列就是我们上一节中提到的决策变量。在实际编程中，通常我们将树状结构简化为两个数据表格：一个是 OPEN 表，一个是 CLOSE 表。OPEN 表用于记录相对于当前节点而言待考察的搜索节点，CLOSE 表用于记录已经考察过的搜索节点。搜索过程可以用图 2-4 中的算法来表达。

Function GraphSearch(*G*, *S*)　　　　//*G*是给定的图，*S*是初始搜索节点

//第1阶段：初始化

1　将初始搜索节点 *S* 放入 OPEN 表

//第2阶段：主循环

2　**if** OPEN 表为空 **then**

3　　算法失败

4　　**Exit**

5　取出 OPEN 表中的第一个搜索节点 *N* 作为下一搜索节点，将该节点放入 CLOSE 表

6　**if** 节点 *N* 为目标节点 T**then**

7　　算法成功

8　　**Exit**

9　**if** 节点不能扩展 **then**

10　　**goto** 第 2 行

11　**else**

12　　将没有在 OPEN 表与 CLOSE 表中出现过的节点放入 OPEN 表

13　**goto** 第 2 行

图 2-4　图搜索算法

　　细心的读者们可能会产生困惑，对于某个已经被扩展的节点而言，它周围加入 OPEN 表中的节点该以怎样的顺序被取出并进行进一步的扩展呢？在这样一个问题的驱使下，我们先来了解无信息搜索算法的两类代表算法：宽度优先算法和深度优先算法。这类算法的特点在于毫无附加信息辅助，搜索全程盲目进行。

　　宽度优先算法的核心在于进行下一搜索节点扩展时，优先考虑状态空间的宽度的扩展。其基本思想是优先在同一级别的搜索节点中考虑符合条件的节点，只有当同一级别的搜索节点都被搜索过，仍然未找到终止节点时，才会对下一级别的搜索节点进行进一步搜索。回到小羽寻宝情境：在搜索开始前，我们先将初始 A 点放入 OPEN 表中。搜索正式开始后，在判断 OPEN 表不为空后，从 OPEN 表中取出排在前面的第一个元素 A 点，并将其放入 CLOSE 表；对 S_{start} 周围可行的节点进行搜索，找到了 A 点上下左右四个方向上的节点 $S_上$、$S_下$、$S_左$、$S_右$，在确定它们都没有在 OPEN 表和 CLOSE 表出现过后，把它们作为四个状态加入 OPEN 表的尾部，继续步骤 2。于是，接下来的几次循环中，将依次从 OPEN 表中取出 $S_上$、$S_下$、$S_左$、$S_右$，并进行是否目标节点的判断，得出不是目标节点的判断结果后，将在每个节点的基础上继续进行扩展。可以从上述描述的算法执行过程中看出，宽度优先算法先对同一级别的搜索节点（$S_上$、$S_下$、$S_左$、$S_右$）进行判断，当遍历这些节点且仍未找到目标节点时，才会进行下一级别节点的搜索。

宽度优先算法结束的时候，只有两种可能。要么不存在一条路径能从出发点到达目的地，要么成功找到两点间可行的最短路径。算法顺利找到目标节点后，可以沿着找到目标节点的路径反向回溯，这个过程可以被形象地看成从树的最小的树枝节点沿着树根的方向进行返回，先找到其父节点，接着沿着父节点继续向上寻找，直到返回树根节点结束，将经过的所有节点连接起来，就得到了所求的最短路径。

宽度优先算法采用的设计思想是按自上而下、自远及近的顺序搜索队列，侧重于优先进行同一级别的节点搜索，因此这种搜索的结果是具有确定性的。换句话说，如果所使用的地图一定存在从起始节点 A 到目标节点 B 的最短路径，通过宽度优先搜索一定能够搜索到所需要的结果，并且结果是最优的。

介绍完宽度优先算法后，我们再来理解一下什么是深度优先算法。深度优先算法的核心就是在算法的执行过程中，当进行下一搜索节点的扩展时，优先考虑状态空间的深度扩展。其基本实施思想是：优先在节点 N 的下一级别的搜索节点中寻找符合条件的节点，只有当沿着深度优先方向的全部搜索节点都被考虑过了，仍没有找到目标节点时，才会进行回溯，到节点 N 上一级别的其他搜索节点进行进一步搜索。再次回到小羽寻宝的情境中：搜索开始前，我们将 S_{start} 放入 OPEN 表中。搜索正式开始后，在判断 OPEN 表不为空的基础上，从 OPEN 表中取出排在前面的第一个元素 S_{start}，放入 CLOSE 表中，对 S_{start} 紧邻方向的节点进行搜索，将未出现在 OPEN 表和 CLOSE 表中的节点加入 OPEN 表的头部。搜索伊始，S_{start} 上下左右四个方向上的节点 $S_上$、$S_下$、$S_左$、$S_右$ 还没有被搜索过，因此在确定它们并没有在 OPEN 表和 CLOSE 表中后，将其加入 OPEN 表的头部。于是，接下来将从 OPEN 表的队首获得节点 $S_上$，并对其进行搜索和扩展，直到其拓展的深度（节点所在级别）到达阈值且还未搜索到目标节点，则停止搜索并返回上一级别进行下一节点的搜索；或者成功到达目标节点并返回该条路径。

深度优先算法采用的设计思想也是自上而下、从远及近的顺序搜索队列，但它侧重于下级别的搜索。这种搜索在找到目标节点后，路径有可能不是最优解。而且，由于其核心在于优先走完某一个方向的路，直到走到尽头，才会回头搜索别的路径，因此在地图尺寸较大的情况下，会产生耗费时间过长，占用内存空间过大，从而导致程序被迫终止的情况发生。但这并不能说明深度优先算法比不上宽度优先算法，因为前者的思想非常直观易懂，在编程层面，很容易通过递归的方法实现，故在某些简单的问题情境中，使用深度优先算法也是一个很不错的解决方案。

介绍到这里，可能部分读者已经有些分不清宽度优先算法和深度优先算法的区别在哪里了。其实它们的本质区别只是在进行节点扩展的时候，是以宽度优先还是以深度优先。宽度优先的搜索策略是先对当前节点的周围所有节点都进行检查，以确定是否存在目标节点，之后再分别对这些节点进行进一步的扩展，将扩展的节点按照某种规则加入 OPEN 表。深度优先的搜索策略是先沿着当前节点 S_i 周围所有节点中的一个进行扩展，直到判定这个节点所指向的方向不能到达目标节点后，再回溯到节点 S_i，选择周围其他的节点进行判断和扩展。对于这两种算法，如果在搜索到目标节点后不终止算法，而是继续进行地图的搜索，那么它们最后在有限的地图上所生成的状态图是一样的，唯一的区别在于搜索的态度是"一条路走到黑"式——一条一条路完整走完进行探寻，还是"左顾右盼"式——边走边看看四周的路径再做决策。在具体实现上，它们的区别则体现在是将当前节点搜索到的扩展节点加入 OPEN 表的尾部（宽度优先算法）还是加入 OPEN 表的头部（深度优先算法），这两个算法在队列不同位置插入的细节对整体搜索方案的影响还需要读者进一步仔细琢磨。

接下来，我们基于前面两个算法，概括一下什么是一般图搜索，并介绍一般图搜索的算法框架。宽度优先算法和深度优先算法的区别在于从当前节点搜索出的相关节点加入 OPEN 表的位置不同，算法其他部分的逻辑是一样的。因此，我们可以对两个算法进一步抽象，得到如图 2-5 所示的一般图搜索算法框架。

与图 2-4 相比，图 2-5 中的图搜索算法框架增加了第 13 行，按照某种规则对 OPEN 表中的节点排序。对于宽度优先算法和深度优先算法，我们可以总结其排序原则如下。

Function GraphSearch(*G*, *S*)   *// G是给定的图，S是初始搜索节点*

  // 第1阶段: 初始化

1 将初始搜索节点 *S* 放入 OPEN 表

  //第2阶段: 主循环

2 **if** OPEN 表为空 **then**

3   算法失败

4   **Exit**

5 取出 OPEN 表中的第一个搜索节点 *N* 作为下一搜索节点，将该节点放入 CLOSE 表

6 **if** 节点 *N* 为目标节点 T**then**

7   算法成功

8   **Exit**

9 **if** 节点不能扩展 **then**

10   **goto** 第 2 行

11 **else**

12   将没有在 OPEN 表与 CLOSE 表中出现过的节点放入 OPEN 表

13 按某种规则对 OPEN 表中的节点排序

14 **goto** 第 2 行

图 2-5　一般图搜索算法框架

● 宽度优先算法：先扩展得到的节点排在 OPEN 表前面，后扩展节点排在 OPEN 表后面；

● 深度优先算法：先扩展得到的节点排在 OPEN 表后面，后扩展节点排在 OPEN 表前面。

通过分析不难发现，在一般框架中的宽度优先算法和深度优先算法与原算法执行过程完全一致。这使得图搜索算法在实现方面具有了一定的统一性和简洁性，我们可以使用一套算法代码来实现两个算法，只需要在第 13 步中对不同的算法匹配不同的排序规则的子函数，这也是算法设计上的一个基本原则。

通过前面对常规的无信息搜索算法的大致介绍，相信聪明的读者已渐渐理解了这个算法的缺点：毫无额外附加信

息的帮助，搜索完全以盲目的方式进行。这种方式不仅效率低下，还会浪费很多的计算资源。那么该如何以更高效、更便捷的手段去解决最短路径问题呢？在宽度优先搜索算法和深度优先搜索算法中，问题求解性能的瓶颈在于如何快速且准确地确定目标节点相对于起始节点的方向，及早舍弃与目标节点不相关的节点和方向。试想一下，在无信息搜索算法的基础上，如果可以在确定下一步搜索方向前，加入额外的地图信息进行帮助，就能够使我们更快地找到正确的方向和路径。无信息搜索算法所利用的额外信息，也被称作启发式信息，是我们即将介绍的著名算法——A*算法的关键思想。

A*算法也完全可以套用上一页所介绍的一般图搜索算法框架，它同样需要利用两个重要的列表——OPEN表和CLOSE表来记录等待扩展的节点和已经扩展过的节点。对于算法框架第13步中"按照某种规则对OPEN表中的节点排序"，A*算法先利用下面的公式对每个节点计算优先级，而后按照优先级从高到低的顺序进行排序，取出优先级最高的节点作为下一次搜索的节点。

$$f(n) = g(n) + h(n)$$

其中，$f(n)$是节点S_n的优先级函数，对任意节点S_i来说，优先级函数值越小，节点S_i的优先级越高。而优先级越高，则说明节点S_i越有可能是正确的搜索方向。$g(n)$是从初始节点S_{start}到达当前节点S_n已经耗费的开销；$h(n)$是从当前节点S_n到目标节点S_{end}所需要耗费开销的估计值。这种估计是一种启发式信息，能够帮助计算机更准确地确定搜索方向。

$h(n)$ 被称为优先级函数中的启发函数，不同的启发函数对于 A* 算法的整体性能具有不同的影响程度。简单来说，启发函数的定义对于算法的影响可以分为下面三种情况。

（1）$h(n) = 0$，节点 N 的优先级全部由 $g(n)$ 来决定，即优先选择距离初始节点最近的节点进行扩展和搜索，这时的优先级函数并不包含任何启发式信息。在这样的极端情况下，筛选出来优先进行搜索的方向有很大概率不是最优方向，但该算法同样是最短路径问题中的一个经典算法——Dijkstra 算法。

（2）$h(n) \leq h*(n)$，$h*(n)$ 指当前节点 S_n 到达目标节点 S_{end} 所需耗费的最小真实开销。如果对开销进行估计的启发函数的值总是小于等于真实值，那么 A* 算法一定能找到最短路径（前提是最短路径问题一定有解）。但是 $h(n)$ 的值越小，即距离真实值 $h*(n)$ 的差距越大，算法所需要遍历扩展的节点就越多，就会造成和无信息搜索方法（深度优先算法和宽度优先算法）一样的问题——算法速度下降。当 $h(n)$ 的值尽可能接近 $h*(n)$ 时，A* 算法将以最快的速度准确地找到最短路径，但在多数情况下，启发函数并不能准确地估计出 S_n 到达 S_{end} 所耗费的开销。

（3）$h(n) > h*(n)$，该情况下，A* 算法不能保证找到最短路径，但算法的求解速度会大大提高。

根据上述的三种情况，我们可以概括出这样一个结论：通过修改启发函数，可以调整算法的速度和准确率。随着启发函数 $h(n)$ 的值相对于真实值 $h*(n)$ 的差距减小，算法在保证准确率的基础上将获得速度的提升；当 $h(n)$ 的值超过真实值后，随着二者差距增大，算法的准确率会下降，但速度会继续提升。对于某些并不一定要求解出最短路径的问题，可以选择值相较于 $h*(n)$ 的差距较大的启发函数，牺牲准确率以换取更快的求解速度，而这正是 A* 算法灵活性的体现。

那么启发函数 $h(n)$ 有哪些常用的选择呢？常用的启发函数有三种选择，分别是：曼哈顿距离、对角距离和欧几里得距离。下面将简要介绍它们的定义以及适用的情况。

曼哈顿距离

曼哈顿距离的计算公式是

$$d(i,j) = |x_i - x_j| + |y_i - y_j|$$

该距离计算两点 i、j 在水平方向上距离的绝对值和在垂直方向上距离的绝对值的和。(x_i, y_i) 表示一个点的坐标。对于只能沿着上、下、左、右四个方向移动的地图问题，可以选择使用曼哈顿距离作为启发函数，如图 2-6 所示。

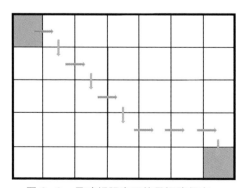

图 2-6　曼哈顿距离下的最短路径之一

对角距离

对角距离的计算公式是

$$d(i,j) = |x_i - x_j| + |y_i - y_j| + (\sqrt{2} - 2)\min\{|x_i - x_j|, |y_i - y_j|\}$$

如果可以沿着八个方向移动，则可以使用对角距离来定义启发函数 $h(n)$。对角距离就是沿着水平方向和斜着的方向组合或者竖直方向和斜着的方向组合进行移动的距离，如图 2-7 所示。

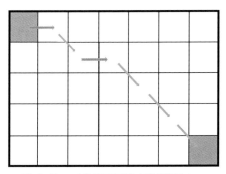

图 2-7　对角距离下的最短路径之一

欧几里得距离

欧几里得距离的计算公式是

$$d(i,j) = \sqrt{(x_i - x_j)^2 + (y_i - y_j)^2}$$

该距离就是用我们耳熟能详的勾股定理计算两点之间最短线段的长度。这种启发适用于可以沿着任何方向移动的地图。

最后，让我们回归到小羽寻宝的情境中。根据地图，小羽可以沿着八个方向移动，因此我们将使用对角距离来定义启发函数，具体的求解过程将在下一节进行介绍。

寻宝问题求解

搜索伊始

套用上一节介绍过的搜索算法框架，首先将起始节点 S_{start} 加入 OPEN 表。从 OPEN 表中取出排在队首（也是目前唯一）的节点 S_{start}，筛选与该点相邻的所有节点，排除掉墙、河流等障碍区域，将未出现在 CLOSE 表中的节点加入 OPEN 表中。对于所有选中的节点，将 S_{start} 记作它们的父节点，这一操作对于算法结尾回溯求解最短路径具有关键的作用。如图 2-8 所示，我们以一把黑色钥匙指向被扩展节点的父节点。

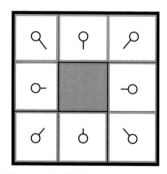

图 2-8 初始节点和其扩展节点

优先级的计算

如上节所介绍，我们将利用优先级函数 $f(n) = g(n) + h(n)$ 对 OPEN 表中当前的每一个节点计算其优先级。其中，我们定义水平或垂直移动一个单位需要耗费的开销为 10，对角移动一个单位需要耗费的开销为 14（为简单起见，即对 $\sqrt{2} \times 10$ 取整）。计算 $g(n)$ 的方法是，首先要获取当前节点 n 的父节点 n_p 的 $g(n_p)$ 值；而后根据 n 节点相对于 n_p 节点的位置，在 $g(n_p)$ 的基础上加上偏移量 $\Delta g(n)$，即 $g(n) = g(n_p) + \Delta g(n)$。其中上下左右四个方向的偏移量值为 10，对角方向的偏移量值为 14。计算 $h(n)$ 的方法，如图 2-9 所示，我们首先使用更容易理解的曼哈顿距离进行图示讲解，后面使用与题目情况更匹配的对角距离，并对两种不同 A* 算法的性能进行比较。曼哈顿距离在小羽寻宝情境中的定义如下，默认不考虑地图中存在的障碍物。

$$d(i,j) = (|x_i - x_j| + |y_i - y_j|) \times D, \ D = 10$$

对当前 OPEN 表中的节点计算优先级 F 值，所得到的结果如图 2-9 所示，其中每个节点上的三个数值从左上角沿着逆时针方向依次代表当前节点 n 的 $f(n)$、$g(n)$ 和 $h(n)$ 值。以初始节点 A（绿色标记的方格）右边相邻的格子 S_r（标注

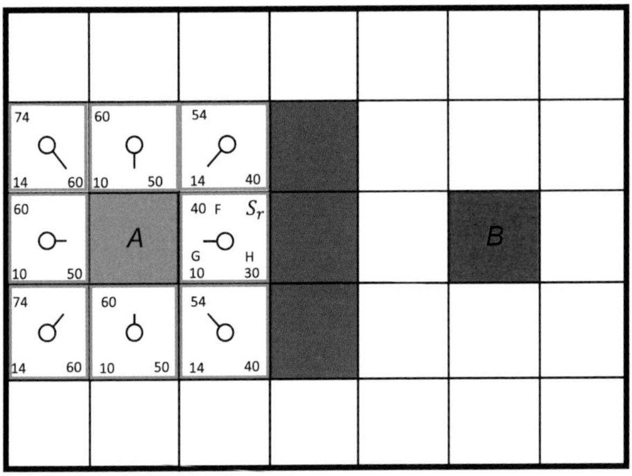

图2-9 初始节点和其扩展节点的优先级值

了字母 F、G、H 的格子）为例：已知 $g(S_{start})=0$，则可以得到 $g(S_r)=g(S_{start})+\Delta g(n)=10$；$h(S_r)=30$（当前格子距离目标节点红色格子的曼哈顿距离为 30）；所以 $f(S_r)=40$。

搜索后续

对当前 OPEN 表包含的节点（与初始节点相邻的八个节点）按照优先级进行排序，可以发现初始节点右边的节点 S_r 具有最高的优先级，故将该节点从 OPEN 表中删除，加入 CLOSE 表后进行进一步的扩展。为了方便后面讨论，我们将 S_r 命名为 Node1（见图 2-10）。

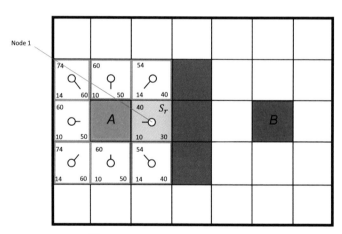

图 2-10 Node1 和扩展节点的优先级值

对 Node1 邻接的节点进行扩展，过滤掉障碍物节点（蓝色格子的紧邻节点）和加入 CLOSE 表中的节点，其他四个方向的节点都已经存在于 OPEN 表中。接下来，判断 Node1 紧邻的四个节点是否需要更新优先级的数值，比较从 Node1 到达当前节点是否比不经过 Node1 所耗费的开销少。可以发现，四个节点的初始 g 值都满足 $g(n) <$ $g(\text{Node1}) + \Delta g(n)$ ，故四个节点都保留初始优先级值参与新一轮的排序，获得优先级最高的节点（Node1 下方格子），如图 2-11 所示，为了方便后续讨论，我们将其定义为 Node2。细心的读者可能发现了，Node1 正上方节点的优先级数值也为 54。面对有多个最小优先级数值的节点的情形，若没有明确的规定说明该选择哪一个，我们选择相对较晚加入 OPEN 表的节点进行扩展。

同理，在处理 Node2 时，首先过滤掉已经在 OPEN 表和 CLOSE 表中出现的节点和障碍物节点，并判断 OPEN 表中已经存在节点的优先级值是否需要更新，方法同上所述。这里直接叙述结论：不需要更新 Node2 左边节点的优先级值。感兴趣的读者可以自己进行计算判断。其次将 Node2 左下角和正下方的节点加入 OPEN 表，并计算二者的优先级值，具体细节如图 2-11 所示。（注意：Node2 右下角的节点无法直接从对角方向到达，故并没有加入 OPEN

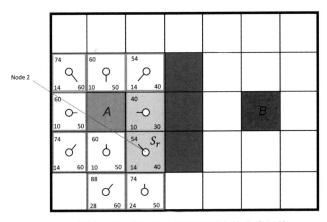

图 2-11　Node2 和扩展节点的优先级值

表。因为 Node2 右边是障碍物节点，这里规定存在障碍物的节点无法直接到达，需要从 Node2 先向下移动再向右移动到达。）

重复上面的步骤，A* 算法搜索过程如图 2-12 所示，可以清晰看到扩展出的节点以及从 OPEN 表中提取出的节点。注意图 2-12 初始节点下方第二个节点的优先级值发生了改变，从 88 变成了 80，发生改变的原因是其父节点（参考钥匙指向的方向）发生了改变，所以 g 值也由 28 变为 20，继而导致其优先级值从 88 变成 80。

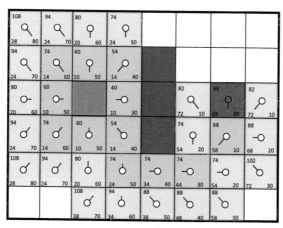

图 2-12　A* 全部搜索结果

回溯获得最短路径

当 A* 算法扩展到目标节点时，就意味着搜索结束。接下来要通过回溯获取最短路径。图 2-12 已经很好地表达了被扩展节点之间的父与子关系，所以我们只需要以目标节点 S_{end} 作为起点，沿着父节点方向回溯到起始节点 S_{start}。如

图 2-13 所示，红色圆点标记的节点即为最短路径中包含的节点。

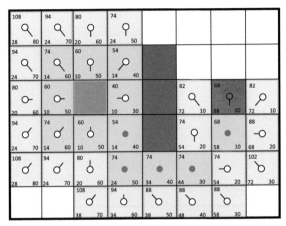

图 2-13　最短路径回溯

不同搜索算法之间的比较

接下来，我们对分别使用曼哈顿距离和对角距离定义启发函数的 A* 算法的性能进行比较。图 2-14 所示的是使用对

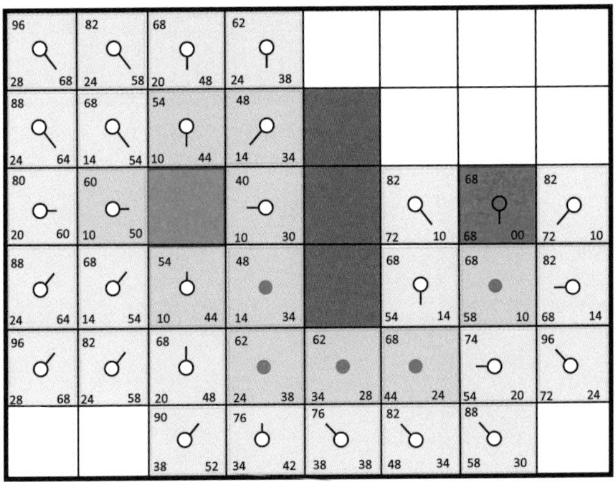

图 2-14　对角距离定义启发函数 A* 算法搜索结果

角距离定义启发函数 A* 算法的搜索结果，可以看到它扩展的节点个数为 11 个，少于曼哈顿距离作为启发函数扩展的节点个数 13 个（参照图 2-13），说明使用对角距离的启发函数不仅具有同样的准确率，而且在速度上有了一定的提升。

小结

本章我们从一则古罗马谚语引入，逐步揭开了图论中经典问题之最短路径问题的神秘面纱。这类问题不仅具有一定的研究价值，而且它在我们的日常生活中普遍存在，许多地图导航类 APP 就是为了解决该问题而生。借助一则简单的最短路径问题——小羽寻宝，我们引入了图的基本概念，例如节点、状态和状态图等等。解决最短路径这类问题的方法可以概括地用一般图搜索算法框架来解决，通过维护两个列表——OPEN 表和 CLOSE 表来分别存储等待扩展的节点和已经扩展过的节点。在未找到目标节点前，每次都要先对 OPEN 表中的节点按照某种规则进行排序，接着从队首获取节点进行进一步的扩展，周而复始进行搜索，直到满足结束条件。根据不同的排序规则，衍生出了特点鲜明的多个搜索算法。

如果将当前节点拓展出来的新节点全部放入 OPEN 表的尾部，就得到了宽度优先算法；如果将当前节点拓展出来的新节点全部放入 OPEN 表的头部，就得到了深度优先算法。这两类算法由于未利用启发信息进行辅助，以盲目的方式进行搜索，故搜索速度慢、效率低。在此基础上，我们介绍了利用启发式信息的 A* 算法，它的核心在于计算每个节点的优先级值，再根据优先级值进行排序，选择优先级值最小的节点进行优先扩展。优先级值的计算遵循公式 $f(n) = g(n) + h(n)$。$g(n)$ 代表初始节点到达当前节点所需要耗费的最小开销，而 $h(n)$ 代表当前节点距离目标节点的开销的估计值。不同的启发函数对 A* 算法的性能表现具有不同的影响，常用的函数选择有曼哈顿距离、对角距离和欧几里得距离。当启发函数的数值小于等于 $h*(n)$ 时，启发函数的数值和 $h*(n)$ 越接近，算法在不牺牲准确率的前提下可以达到越快的搜索速度；当启发函数的数值超过 $h*(n)$ 时，算法将在牺牲准确率的基础上换取更快的搜索速度。因此 A* 算法可以根据不同的计算需求，灵活调节启发函数，以使算法保持合适的准确率和效率。

不同的搜索算法各有利弊，在现实应用中，读者应结合实际问题，具体情形具体分析，选择最合适的搜索算法进行求解。

三　环游世界与送外卖——TSP

环游世界与送外卖

不知道读者们的脑海中是否会时常浮现"环游世界"这个充满着好奇心和勇气的梦想。它或许起源于一次普通的旅行，推动着你去见识更多美好的风景、多元的文化、有趣的风土人情；又或许起源于你曾经观看过的旅游类型的电视节目，让你对屏幕那头的生活产生了好奇和向往。随着现代交通的日益便捷和全球化进程的稳步推进，环游世界的梦想似乎也从遥不可及渐渐变得触手可及，我们随时都可以来一场"说走就走"的旅行，"世界那么大，我想去看看"成了当代年轻人追寻梦想的口号。

当然，本章我们要讨论的不是社会的发展，也不是环游世界的意义，而是我们该怎样设计出一套实用且高效的环游世界路线方案。设想这样一个情境：在命运之神的眷顾下，小明买彩票中了大奖，中奖后小明最想做的事是实现自己环游世界的梦想。可是世界那么大，七大洲、五大洋、197 个国家、36 个地区，小明该向着哪个方向出发？该选择哪个地方作为环游世界旅途的第一站呢？如果小明先前往北极欣赏冰雪和北极熊，再跨越北半球和南半球直达南极看企鹅，接着再回到北极附近的格陵兰岛，而后出发南下前往澳大利亚……。可想而知，这会是一趟很糟糕的旅行，小明将耗费大量时间在重复的路线上。如果我们可以设计出一条最短的路线，让小明从居住的城市出发，依次经过所有想游玩的地点（保证不重复经过），最终回到出发点，那么一定可以实现有限时间内的旅游价值最大化。

下面，我们让小明转换成外卖员的身份。已知小明目前所在位置为 A 广场，平台在配送高峰时间段为小明分配了三份外卖订单，需要小明将对应的外卖分别送到 B、C、D 三个地方。但十分不巧的是，此刻外卖平台的路径规划模块功能出现了问题，无法为小明规划当前订单的最佳路线，需要小明自己来规划路线，保证在最短的时间内完成三单外卖的配送任务。通过手机的 GPS 导航，小明确定了 A、B、C、D 四个地点之间的距离，分别是：A 至 B 800 米，A 至 C 1300 米，A 至 D 1000 米，B 至 C 700 米，B 至 D 500 米，C 至 D 400 米。假设小明在当前的交通状况下可以保持每分钟 300 米的配送速度，送完外卖就立即返

回 A 广场继续等待下一次派单，他应该如何规划配送
线呢？

现在，我们用形式化的方式对问题进行描述。如图
3-1 所示，我们已知 A、B、C、D 四个节点以及它们之间
的距离。现在我们需要求一条最短路线，从 A 点开始，经
过 B、C、D 三个节点且满足每个节点只经过一次的条件，
最终回到 A 点。在这样的问题描述下，目标函数 f 指的是小
明从 A 点经过三点返回 A 点时累计的行程，而优化的目标
就是让这个行程最短；决策变量 x 是小明完成约束条件所经
过的节点序列（A,x_1,x_2,x_3,A）；所有节点序列组成的集合就
是解的决策空间。

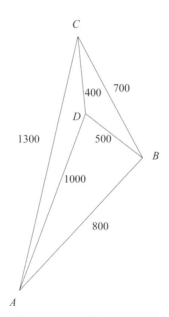

图 3-1　小明的送外卖地图

　　小明所遇到的环游世界和送外卖的困扰，可能也存在于许多人的生活中。这类问题在数学上被称为"旅行商问题"（TSP），在第一章中我们简单地介绍过它的定义，以及它所内含的"组合爆炸"的问题。在这种情况下，哪怕小明的环游世界计划中只包含50座城市，这个问题也已经远远超出了计算机的计算能力，更别提现实生活中存在着涉及上千个地点的TSP。

　　读到这里，也许读者会产生一个疑惑：TSP在日常生活中似乎并不是很常见。要经过这么多的地方且只能经过一次，最后还需要回到出发点，这样的条件似乎过分"苛刻"，而缺少了一些"现实"价值。实际上，TSP在工程中是一种常见问题，为了更好地解决工程中的现实难题，我们迫切地需要一种能以较快的速度求得较好解的算法。比如在物流、邮递、外卖的配送中，配送员需要经过多个地点或者多个城市，并最终回到出发点以继续下一轮的配送。而在装配线上安装螺帽，也是一个TSP情境。机械臂需要依次对所有的螺帽进行安装，在这个过程中，通过对路径的优化，哪怕只是让机械臂在每次安装时能够少移动1厘米，对于整个工厂的流水线来说，也可以增加流水线的速度与产出，减少机械臂的损耗，降低维护成本，从而为整个工厂增加可观的利润。此外，一些其他场合下的应用，例如产品的生产安排、机器人路径规划等都可以被建模为TSP。因此，如果数学家、计算机学者们可以设计出一种合理的算法来进行路径的规划，从而保证以更低的成本完成预期的任务，将为生产生活带来极大的便利。

回顾上一章"条条大路通罗马"中介绍的最短路径问题，不难发现，TSP 也属于图搜索问题这个大类，因此小羽寻宝和小明送外卖这两个例子也存在着一些相似之处，例如问题的优化目标都是求解出一条最短路线，决策变量都是节点序列。同时两个问题之间也存在差异，本章所关注的 TSP 相比上一章的最短路径问题多了两个约束条件：其一是必须经过全部设置好的节点，且只能经过一次；其二是最后要回到最初的出发点。

在本章中，我们将逐步深入学习 TSP，并了解解决 TSP 的几种经典方法。

图搜索问题的常规解法

上一节中提过，TSP 本质上也属于图搜索问题，故本节将使用前面介绍过的方法对该问题的求解进行分析。

第一个方法是我们十分熟悉的穷举法，把从 A 点出发后经过三个节点返回 A 点的所有可能情况都列举出来，依次计算每种情况下的行程距离，选出长度最短的那条路线作为最后的结果输出。表 3-1 是按照穷举法思路进行求解的结果，感兴趣的读者可以自己动笔演算，而后与表格进行比较。

表 3-1　穷举法的求解过程

出发点	配送第一站	配送第二站	配送第三站	目的地	距离
A	B	C	D	A	2900 米
A	B	D	C	A	3000 米
A	C	B	D	A	3500 米
A	C	D	B	A	3000 米
A	D	B	C	A	3500 米
A	D	C	B	A	2900 米

　　通过表 3-1 的求解过程可以看出，共有两条路线的距离最短，分别是：$A—B—C—D—A$ 和 $A—D—C—B—A$。如果将小明配送过程中三单顾客的平均等待时间考虑在内，可以发现第一条线路 $A—B—C—D—A$ 所需要的顾客平均等待时间更短暂（第一条线路每位顾客的平均等待时间为 4.67 分钟，第二条线路每位顾客的平均等待时间为 5 分钟）。

　　使用穷举法求解最大的弊端就是低效，需要把所有的情况都列举出来。它在解决小规模问题上具有直观、容易上手等优势，但如果面对的问题规模是本章第一节中所列举的生活实际问题，那么穷举法就失去了竞争力。

　　回到小明送外卖的情境中，由于问题的解本质上是一条路径，或者说，是一组节点所组成的序列，即便是遍历所有的解，也存在不同的遍历方法。举个例子，我们希望从某个班级里找到一位姓王的同学，在不认识这个班级所有同学的前提条件下，就只能对班里的同学一位接着一位提问。但如果能利用一些额外的启发性信息，或许可以加快搜索的速度。如果同学们的学号是按照姓氏笔画排列的，我们可以从学号小的同学开始入手；如果同学们的学号是按照姓氏拼音首字母排列的，我们可以从学号靠后的同学开始进行提问……。在 TSP 中，我们同样可以根据对问题的了解，尽可能利用启发性信息，帮助我们决定应该按什么顺序来进行遍历，再利用辅助剪枝的方法提前舍弃掉一些不可能成为最优解的路径，来尽可能缩小问题求解过程的规模，以达到节约计算资源、提升计算速度的目的。

在第二章中，我们了解到在穷举法的基础上加入一定的规则，就可以得到深度优先算法和宽度优先算法这两种不同的搜索策略。这里用走迷宫的例子对以上两种算法的搜索思想做一个简单的概括：深度优先算法采用"不撞南墙不回头"策略，先选择一个方向进行搜索，直到达到目标节点或者走到头，再返回上一层，选择另一个方向进行搜索，以这样的方式遍历搜索的路径；宽度优先算法则采用"谨慎稳妥"策略，会同时走迷宫里的所有岔路，将每一条岔路（即每一个方向）的搜索全部逐步推进。因此，在走迷宫的例子中，深度优先算法是一种收益与风险都较大的方法，找到的路径解很有可能不是最快、最短的解决方案；宽度优先算法则是一种更稳妥的方法。接下来，我们将先使用深度优先算法和宽度优先算法分别对小明送外卖的问题进行求解，而后使用剪枝的思想对两种方法做出改进。

用形式化的语言来说，对路径的搜索会形成一棵树。树根是路径的起点，而树根节点到树叶子节点所经过的节点序列，则代表了小明将经过的每个真实的地点。我们将从出发点开始（不包含出发点）到每个节点所经过的节点（包含当前位置的节点）个数定义为当前节点的深度，也就是说，假如一个节点的深度是 d，那么它的子节点的深度就是 $d+1$。在小明送外卖问题的情境下，深度优先算法的规则可以理解为优先搜索深度更大的节点，而宽度优先算法的规则可以理解为优先搜索深度更小的节点。假设节点按照字母表排序，表 3-2 表示的是使用深度优先算法对于外卖问题的求解过程。

表 3-2　深度优先算法的求解过程

	第一步	第二步	第三步	第四步	第五步
深度	0	1	2	3	4
OPEN 表	A	B_A,C_A,D_A	C_B,D_B,C_A,D_A	D_C,D_B,C_A,D_A	D_B,C_A,D_A
CLOSE 表	空	A	A,B	A,B,C	A,B,C,D
路径	空	A	$A—B$	$A—B—C$	$A—B—C—D$

表 3-2 显示的是按照深度优先搜索思想求解出的第一条合法路径的求解过程。在第二章中，图搜索算法判断节点是否需要加入 OPEN 表的原则是检验该节点是否已经出现在了 OPEN 表和 CLOSE 表中。本问题情境中，在不违反上述规则的前提下，我们对节点的定义做出一些改变，规定从某点 X 扩展到的节点 Y 记作 Y_X，从某点 Z 扩展到的节点 Y 记作 Y_Z，它们在 OPEN 表和 CLOSE 表中被看作不同的节点。在获得了第一条合法解后，在第五步的基础上，我们继续选择 OPEN 表的下一个节点 D_B 进行扩展。相当

于回溯到深度 3 选择 D_B 进行扩展，在该方向下求出解 A——B—D—C 的过程如表 3-3 第六步至第七步所示。

表 3-3　深度优先搜索的求解过程

	OPEN 表	CLOSE 表	路径	深度
第六步	C_D,C_A,D_A	A,B,D	A—B—D	3
第七步	C_A,D_A	A,B,D,C	A—B—D—C	4
第八步	B_C,D_C,D_A	A,C	A—C	2
第九步	D_B,D_C,D_A	A,C,B	A—C—B	3
第十步	D_C,D_A	A,C,B,D	A—C—B—D	4
第十一步	B_D,D_A	A,C,D	A—C—D	3
第十二步	D_A	A,C,D,B	A—C—D—B	4
第十三步	B_D,C_D	A,D	A—D	2
第十四步	C_B,C_D	A,D,B	A—D—B	3
第十五步	C_D	A,D,B,C	A—D—B—C	4
第十六步	B_C	A,D,C	A—D—C	3
第十七步	null(end)	A,D,C,B	A—D—C—B	4

接着从 OPEN 表取出 C_A，相当于回溯到深度 2 进行扩展。在此基础上，可以得到解 A—C—B—D 和 A—C—D—B（第八步至第十二步）；同理，在第十二步中的 OPEN 表中取出 D_A 进行扩展，回溯至深度 2 进行搜索，将得到解 A—D—B—C 和 A—D—C—B，并最终获得和穷举法一样的结果：最短路径是 A—B—C—D—A 或者 A—D—C—B—A，数值为 2900 米。

按照宽度优先算法的思路则会依次遍历下面的解和路径：A，A—B，A—C，A—D，A—B—C，A—B—D，A—C—B，

A—C—D，A—D—B，A—D—C，A—B—C—D，A—B—D—C，
A—C—B—D，A—C—D—B，A—D—B—C，A—D—C—B。

　　该问题中，由于路径长度为 4，因此树的最大深度固定
为 4。若使用宽度优先算法的话，如上所述，则必然要遍历
所有路径才能找到最短的那一条。而使用深度优先算法的
话，则可以根据已经搜索到的可行解舍去一些"不可能最
短"的路径。比如说，利用深度搜索的思想，当已经求出
一条符合要求的合法解，并且得出这条路的长度为 S，那么
在接下来的搜索过程中，若发现当前走的路径还没有到终
点就已经超过 S，显然这个节点已经没有继续搜索下去的必
要了。通过这样的剪枝，就可以在一定程度上缩小我们搜
索的范围。

　　然而，深度优先算法和宽度优先算法仍然是低效遍历
的方式，它们的本质与穷举法并没有什么太大的差异，即
便可以在搜索时通过剪枝舍弃掉一些路径，但对于拥有巨
大搜索空间的问题，这两种搜索方式仍然是不可行的。

　　所以，要求解一个具有较大规模的 TSP，我们必须
利用一些启发性信息来指导算法，通过对解进行分析，从
而智能地选择更优的方向。这就是局部搜索算法（local
search algorithm）。

局部搜索算法

　　局部搜索算法又称为爬山法。顾名思义，这种算法的

流程与人们爬山的过程非常相似，是一个经典算法。如果使用爬山来描述我们目前接触过的不同算法，穷举法就好比我们走遍了这座山的每一寸土地，最后得到山峰最高点的具体位置。但我们真正爬山的时候会怎么样呢？这个问题似乎显得有些愚蠢，爬山还能怎么爬？往上爬呗！但是，对人类而言理所当然的事情，对计算机来说却非常复杂，简简单单的"往上"两个字就蕴含了大量的信息与知识。

首先，我们会告诉计算机，目标是往"上"这个方向，用更科学的语言来说就是使我们所处的海拔最大化。其次，计算机需要知道往哪里走才是往上。对人类而言，我们已经通过视觉观察到了周围的环境，感受到身体在斜坡上的"重心变化"，以及台阶上升角度变化等信息，综合判断出来哪里是向上的方向，这一步骤是在我们的潜意识中完成的，根本不需要特地思考就可以获得结论，所以我们才会觉得爬山只是向上爬那么简单。那么，回到计算机上，既然我们已经定下了目标是令我们所处的海拔最大化，那么计算机就需要分析往哪个方向走可以使我们所处的海拔更高。假如我们现在所处的海拔是 1000 米，往北走 1 米后海拔变成 1000.1 米，往南走海拔变成 999.9 米，往东走海拔变成 999.95 米，往西走海拔变成 1000.05 米，那么自然而然计算机会选择往北走 1 米，之后继续按照这样的规则判断应该往哪个方向走，直到所有的方向都不比现在所处的位置更高。这样一来，在每一次选择方向时，计算机都会往离目标更近的方向前进，而舍弃那些偏离目标的解，从而减少搜索节点的数量，大幅度提升搜索效率。

在局部搜索算法中，我们把刚刚在爬山例子中往东南西北四个方向各走一米的行为称之为与当前解相邻的解，将相邻解组成的集合称为邻域。因此，我们可以得到如图3-2所示的搜索过程。

```
Function LocalSearch()
    // 第1阶段: 初始化
1   初始化解状态 S
    // 第2阶段: 主循环
2   if 邻域 N 为空 then                     // 如果已经无法生成新解了，则算法结束
3       Exit
4   在 S 的邻域 N 内产生新解 S'
5   ΔT = f(S') – f(S)，其中 f(S) 为评价函数    // 计算新解与当前解的差值
6   if ΔT < 0 then                          // 如果新解比当前解更好则接受，否则忽略这个新解
7       接受 S' 作为新的当前解 S
8   goto 第2行
```

图 3-2　局部搜索算法

可以想象，局部搜索算法将以非常快的速度直接冲上山顶，而算法搜索过的范围只有这条路径以及它的整个邻域。比起要搜索整个地图才能找到山顶的穷举法，局部搜索的优势是显而易见的：它能够根据启发性信息快速地找到山顶，大幅缩小搜索的范围，从而降低时间开销。

虽然局部搜索算法能够大幅降低开销，但这种贪婪的策略也会产生一个致命的问题：搜索过度盲目。之前的例子中，我们只关注到了该算法搜索到山顶的速度很快，却忽视了这样一个问题：如果我们不是在一座山中，而是在一片连绵起伏的山脉中，该如何爬上最高的山呢？可想而知，假如使用逻辑较为简单的局部搜索算法，计算机将会以极快的速度冲上离出发点最近的那一座山的山顶并结束

搜索——因为局部搜索算法只是简单地根据邻域的信息判断邻域范围一米以内没有更高的地方,而无法知道几千米以外或许还有更高的山峰。对这种现象,我们称之为"陷入局部最优解"。局部搜索算法由于具有"目光短浅"的特点,只能依据自身当前所在的位置,在目光所及范围内选择最高的位置作为最终的解输出,而这样的输出在一些情况下可能与全局最优解失之交臂,成为所谓的"局部最优解"。

当然,方法总比问题多。既然陷入局部最优解的原因是"目光短浅",那我们可以试着把计算机搜索的"视野"放得更远一些,或许在一定程度上可以解决这个问题。例如将邻域的范围从 1 米改成 1000 米。在这样的情况下,原本我们可能因为视野的局限性被困在一座小山顶上,现在我们却能够看到 1000 米内更高的山了。在此基础上,在我们达到新的山顶后,又有机会在这座山的基础上搜索到更高的山。不过,扩大邻域的范围带来的也不全是好处,更大的邻域范围意味着需要更多的计算资源和更大的计算量。如果我们过于追求视野的宽广,当我们设置的邻域范围扩展到整个地图后,局部搜索算法也就完全退化成穷举法了。因此,我们需要在计算量的开销与解的质量之间选择一个恰当的位置,同时保证计算量的开销不至于过大,解的质量也还算不错。

在实际操作中,通过划定实心圆确定邻域范围的操作(即半径以内都需搜索)还是过于耗费计算资源了。一般我们会画一个空心圆来替代:只关注离我们恰好 1000 米远处位置的海拔(只沿圆周搜索)。但这样的做法又会衍生出另外一个问题：即使山顶就在我们旁边，我们也只能看到1000米外的山的高度。这种如同"灯下黑"一般找不到身旁最高点的算法设定问题，该如何解决呢？

概括来讲，邻域范围太大可能会导致我们无法准确确定山顶的位置，而邻域范围太小又可能会导致我们陷入局部最优解。比起在两者之间选一个平衡点，我们还有一个更好的方案：选择一个可以动态变化的邻域范围。可以想象，搜索伊始，我们希望尽可能大范围地在整个地图中搜索，从而确定海拔最高的山所在的大致位置。当我们逐渐缩小范围，找到了这座山后，需要避免邻域半径过大导致无法确定山顶的具体位置；紧接着，逐渐缩小所使用的邻域范围，可以保证计算机顺利找到山脉的最高峰。这个时候，我们已经通过大范围的搜索确定了一座高山，因此可以不用再担心最后的搜索结果会陷入一个很差的局部最优解了。

模拟退火算法

在搜索算法中，前期注重探索、后期注重收敛是一个非常重要的思想。模拟退火算法通过对当前解的好坏以及对算法所处的不同阶段的分析，以概率的形式系统性地实现了这一点，是一个非常经典且通用的随机搜索算法。理论上，该算法具有全局优化的优势，目前它在信号处理、机器学习、控制工程、生产调度等领域得到广泛应用。

模拟退火算法的思想最早是由梅特罗波利斯（N.

Metropolis）等科学家在 1953 年提出的。1983 年，柯克帕特里克（S. Kirkpatrick）等人将该思想成功引入组合优化领域，使之成为本章以小明环游世界例题为代表的 TSP 的重要解决方案之一。该算法的核心思想起源于固体退火的过程：希望将固体内部的粒子进行一些重组，使其最终来到一种内能最低，也即最稳定的状态。根据物理学的知识：固体温度越高，其内部粒子的热运动越强烈，以至于变成液态，甚至是气态；反之，粒子的热运动会减弱，直至在绝对零度时彻底停止运动。而固体退火的过程就是利用热力学的相关原理帮助固体中的粒子转化为稳定的状态。首先通过加热方式，使固体内部的粒子进行一些热运动，从原本相对稳定的状态脱离出来；接着，再让固体慢慢冷却下来，转换到另一种相当稳定的状态。这个时候，读者可能会产生这样的一个疑问：什么时候固体中粒子的状态达到所谓"最稳定的状态"呢？在固体退火过程中，学者推导出了一个基于概率的控制固体升温和降温的公式，并使用大量有价值的实验以及数学推导证明，在无限次升温和降温后，固体必然会达到内能最低的状态。

模拟退火算法在图搜索问题中的具体应用形式为：当该算法在搜索空间中寻找最优解时，将新解记作 S'，原始解记作 S，而后使用评价函数 $f(x)$ 对两个解进行评估并比较大小。若 $f(S') < f(S)$，即移动一步后得到的解更好，则模拟退火算法将总是接受这样的移动；若 $f(S') \geq f(S)$，即移动后的解的质量相比当前解更差，则模拟退火算法会以一定概率接受移动，也有一定概率拒绝移动，并且接受移动

的概率将随着时间的推移而逐渐降低。这里，聪明的读者一定已经发现了局部搜索算法和模拟退火算法的一处不同：在面对移动一步解的质量差于当前解的质量时，局部搜索算法会直接选择放弃移动，而模拟退火算法将根据一定的概率随机选择接受或放弃，这个利用概率的计算恰恰参考了金属冶炼的固体退火过程，以实现跳出局部最优解的目的，从而可以进一步寻找全局最优解。该算法可以分解为三部分，分别是：解空间、目标函数和初始解。目标函数实质上就是退火过程的衡量指标——"温度"。"升温"代表通过一些大范围的跳跃跳出局部最优解，进一步搜索并锁定全局最优解可能的方向；"降温"代表通过小范围的搜索寻找当前的局部最优解，再根据目标函数的数值（即"温度"的具体大小）控制升温和降温的概率，从而实现寻找全局最优解的能力。模拟退火算法的流程描述如图 3-3 所示。

在第 6 步中，若 $\Delta T<0$，将接受新解，该操作对应着退火过程的"降温"环节；若 $\Delta T>0$ 且在概率影响下选择接受新解，该操作对应着退火过程的"升温"环节。前面我们介绍过，概率是呈动态变化的，以保证在问题求解的不同阶段，计算机具有不同的搜索能力和搜索范围。概率的表达式为：$p=\exp(-\Delta T/T)$，它表示当前温度越低，温度增量越大，那么升温概率就越小；反之则升温概率越大。

在上一节中，我们提到了使用局部搜索算法时，为了避免前期陷入局部最优解，且后期可以顺利收敛，算法会在前期使用较大的邻域范围并在后期逐渐缩小邻域范围。用这种思路来看模拟退火算法，不难发现，两种算法也存

```
Function SimulatedAnealing()
  // 第 1 阶段: 初始化
1 初始化温度，解状态 S，迭代次数 L，概率 p
      p=exp(-ΔT/T)
  // 第 2 阶段: 主循环
2 if 邻域 N 为空或满足其他停机条件 then    // 如果已经无法生成新解或满足结束条件，则算法结束
3   Exit
4 在 S 的邻域 N 内产生新解 S'
5 ΔT = f(S') − f(S)，其中 f(S) 为评价函数    // 计算新解与当前解的差值
6 if ΔT < 0 then    // 如果新解比当前解更好则接受
7   接受 S' 作为新的当前解 S
8 else    // 如果新解比当前解更差，利用随机数 r 与已知概率比较大小
9   生成 0 和 1 之间的一个随机数 r
10   if r < p then    // 随机数小于概率值，接受新解
11     接受 S' 作为新的当前解 S
12 goto 第 2 行    // 否则，忽略新解
```

图 3-3　模拟退火算法

在一定的相似性。具体体现在：模拟退火算法的前期，由于初始温度的值较大，所以对 $\Delta T>0$ 时接受更差解 S' 的情况计算得到的概率 p 值会更大，从而在一次次的迭代中有很大机会跳出局部最优解，搜索全局最优解的方向；随着算法的稳步进行，温度呈现逐渐下降的趋势，此时概率 p 的数值也逐渐下降，说明算法会更倾向于接受更好的解，拒绝更差的解，从而最终能够实现算法的收敛。不同的是，模拟退火所用的概率表达式是经过数学推导证明的能够在无限次后收敛到最低的。

　　回忆一下，前面我们提到过局部搜索算法（爬山法）和模拟退火算法有一点不同之处：爬山法是一种完全贪心的策略，每次都只会选择当前最优解，一旦遇到稍差一点的解，会毫不留情地丢弃它；模拟退火算法在某种程度上也是一种贪心算法，但它在自身的搜索过程中引入了随机思

想，这使得模拟退火算法在一定程度上避免了爬山法会陷入局部最优解的困境。关于爬山法和模拟退火算法的异同，如果读者还存在一些疑惑，下面这个有趣的比喻可能会帮助各位更好地理解。爬山法的搜索机制，如同一只精明的小兔子一直都在向着比当前位置更高的地方跳去，它可以迅速地找到出发地附近最高的山峰，但那不一定是全世界最高的山峰，这就是爬山法中局部最优解和全局最优解的概念。而模拟退火算法的机制如同小兔子在没睡醒的情况下就出门寻找最高山峰，它迷迷糊糊地随机跳了很长时间。在这段时间内，它可能跳到了更高的位置，也可能跳到了海拔较低的平原区。但是，随着它渐渐清醒过来，它将恢复"精明"的作风，向着更高的地方跳去，最终找到山顶。由于前期它的随机移动，最后小兔子很有可能找到全世界最高的山峰。

TSP 求解

本节，我们将通过一个更大规模的具体例子来演示模拟退火算法求解 TSP 的完整过程。

问题描述：小明在梦里成为"年度锦鲤"，获得了能够免费环游世界的机会，但不知道为什么，小明需要设计好一条游遍世界上 197 个国家的路线才能开始环游世界。我们希望帮助小明至少在梦中成功完成旅行，因此要帮助他设计这条路线。

既然我们已经完全掌握了模拟退火算法，那么只要写一个程序，输入所有地点的经纬度后，就可以由程序来进行计算[①]。

模拟退火算法模型相关的参数以及基本设置的数值如表 3-4 所示。

表 3-4　算法参数设置

参数	值
初始温度	1
降温率	0.001
同温度迭代次数	50
总体迭代次数	10000
初始路径	[0, 1, 2, …, 196]
新解生成方式	倒位

表 3-4 所示参数以及基础设置在算法具体运行流程中的含义如下。

（1）初始温度设置为 1，在当前温度设置下算法将进行 50 次迭代。

（2）对于当前路径 [0, 1, 2, …, 196]，将随机生成两个数 a 和 b（$a \neq b$），对当前路径节点序列进行重排。假设 x_i 表示当前路径排在第 i 个位置的节点，且随机数满足 $a < b$，则新路径为 $[x_0, …, x_{a-1}, x_b, x_{b-1}, …, x_{a+1}, x_a, x_{b+1}, …, x_{196}]$。例如，随机生成两个数 11 和 22，那么形成的新路径为 [0, 1, 2, …, 9, 21, 20, …, 11, 10, 22, 23, …, 196]。

---

① 数据来源：https://blog.csdn.net/lin5165352/article/details/88019525。

（3）计算新路径的距离总和与当前路径的距离之差。若新路径更优，则将新路径作为当前路径并跳转至第5步，否则执行第4步。

（4）计算 $\exp(-\Delta T/T)$，生成一个随机数 m，若 $m <$ $\exp(-\Delta T/T)$，则将新路径作为当前路径，否则舍弃新路径。

（5）若50次迭代已完成，则跳转至第6步；否则跳转至第2步。

（6）降温 $T = T \times 0.999$。

（7）若总迭代次数 $=10000$，则输出最好路径，程序终止；否则，返回第1步。

按照上述的流程运行算法，将得到如图3-4所示的算法搜索解的迭代图。通过这张图，我们可以直观地发现随

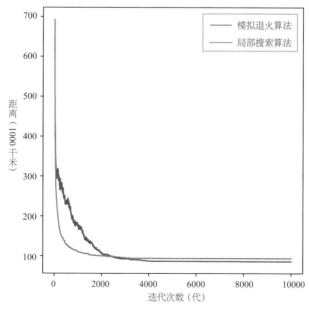

图3-4　算法搜索解的迭代情况

着迭代次数的提高，模拟退火算法搜索到的解的路径距离整体呈下降趋势，最终趋向于收敛，说明找到了最优解；但在迭代过程中，解的质量呈现出大幅度的抖动，体现了算法的随机思想。上述模拟退火算法的特征与其原理十分匹配：在算法刚开始的时候，由于初始温度较大，因此 $\exp(-\Delta T/T)$ 的值较大，从而更容易接受更差的解；随着温度逐渐下降，$\exp(-\Delta T/T)$ 也总体呈现下降的趋势，故算法会更少接受差解，拥有较强的收敛性。

同时，我们还对局部搜索算法与模拟退火算法进行比较，显然局部搜索算法的收敛速度非常快，在迭代到大约 200 次时，路径的距离已经降到大约 160000 千米，而此时模拟退火算法的结果大约为 300000 千米。不过重要的是，虽然模拟退火算法收敛更慢，但是当迭代次数大约为 2500 次时，模拟退火算法产生的解就已经优于局部搜索算法产生的解，而局部搜索算法此时陷入了局部最优解，不再发生变化了。最终模拟退火算法得到的解大约为 84000 千米，而局部搜索算法的解大约为 92000 千米。而且，如果花更多时间来调试模拟退火算法的参数，我们还可以获得更好的结果。

小结

本章中，我们从各位读者都十分熟悉的"环游世界"这个儿时梦想引入了经典的智能搜索问题之一：TSP。它在实际的生产生活中也有着十分普遍的应用。我们通过熟悉的小明送外卖的例子逐步加深了解，学习到 TSP 的多种解决方案及其各自特点。首先介绍的解决方案是使用穷举法、深度优先算法或宽度优先算法等一般的图搜索算法进行问题求解。它们的优势在于，对小规模的 TSP，它们十分直观、简单且容易理解。但是当问题的规模继续扩大至实际工程中所需要的程度时，无论是在计算资源的使用上，抑或是在计算时间的开销上，这几种方法就失去了竞争力。接着我们提出了剪枝的策略，对深度优先算法进行了改进，可以在一定程度上提升其运行效率。但很显然，这种提升效果是十分微弱的。对于指数级别搜索空间的 TSP，我们引出了两种基于贪婪策略的启发式搜索方法：局部搜索算法（爬山法）和模拟退火算法。在实际使用中，局部搜索算法只接受当前的最优解，抛弃稍差一些的解，从而容易陷入局部最优解，因此性能较差；而模拟退火算法在贪婪策略上加入了以概率为具体实现方案的随机策略，避免了陷入局部最优的问题。搞清楚几种求解算法的区别后，我们使用模拟退火算法对小明环游世界的例题进行了具体地求解和详细地说明。从实验结果中不难看出，模拟退火算法将随着迭代次数的增多，以波动的形式不断向最优解收敛，直至算法终止。值得一提的是，模拟退火算法中加入的通过概率实现的随机思想，在计算机科学的许多方向上都有着较广泛的使用，感兴趣的读者可以利用网络、书籍进一步了解和学习。

四　　成为数独之王——约束满足

风靡世界的数独游戏

　　我们经常在报刊上见到诸如填字游戏、趣味问答、迷宫、找碴游戏、推理游戏等种类丰富的文字小游戏，但如果要选出一款受众范围最广的益智类小游戏，那数独游戏一定是当之无愧的小游戏之王了！相信各位读者或多或少都曾玩过数独游戏。作为一款风靡全球的数字游戏，它不仅形式简单、规则简单，同时还富含数学与逻辑的思考过程，散发着无穷的魅力。

　　如果追溯数独游戏的历史的话，它最早起源于 18 世纪瑞士数学家欧拉（Leonhard Euler）等研究的拉丁方阵（Latin Square）。据说普鲁士的腓特烈大帝曾经打算过组织一支仪仗队，该仪仗队中一共会有来自 6 支部队的 36 名军官，并且每支部队中要包含上校、中校、少校、上尉、中尉、少尉各一名。他希望这 36 名军官排成一个 6×6 的方阵，并且保证方阵的每一行、每一列中的 6 名军官都来自不同的部队且军衔各不相同。可是，大帝绞尽脑汁也没能想出一个完美满足前面所有设定的解决方案。于是，他带着这个问题去寻求大数学家欧拉的帮助。欧拉经过认真的思考和严谨的推理得出结论：这是一个不可能完成的任务，欧拉还将这个新颖的方阵设定抽象成了数学化的定义：来自 n 个部队的 n 种军衔的 $n \times n$ 名军官，如果可以排成一个正方形，并保证每一行、每一列的 n 名军官都来自不同的部队且军衔各不相同，那么就称这个方阵为正交拉丁方阵。后来，经过其他数学家的推理和证明，正交拉丁方阵仅仅在 $n=2$ 和 $n=6$ 两种情况下不存在，让人不禁唏嘘腓特烈大帝与正交拉丁方阵的解集失之交臂。

到了 20 世纪 80 年代，一位美国的退休建筑师格昂斯（Howard Garns）在欧拉提出的拉丁方阵的基础上创造了一种填数游戏，也就是今天我们熟悉的数独游戏的雏形。这种有趣的填数游戏在 1984 年被引入日本，获名"数独"。大约自 1998 年起，数独游戏开始风靡全球，一些与数独相关的组织和网站也因此诞生，其中一些发展到今天已经具有可观的规模。人们在不断地思索和交流中开发出数独的多种解法，甚至设计出了数独的变种版本，增强游戏体验和难度。

本章所讨论的数独游戏是各位读者熟悉的经典版本。

它的盘面由 9×9 共 81 个格子构成，其中，3×3 的格子被称为一个"宫"。数独的盘面共包含九个"宫"，因此数独也被称为"九宫格"。在玩家正式开始解决一道数独题目之前，盘面的 81 个格子中会预先填入一些数字。之后，玩家需要根据数独的规则将整个盘面逐渐填满。游戏的规则和前面介绍过的正交拉丁方阵的特征也非常相似：玩家填入的数字应保证盘面每一行、每一列、每一宫都包含 1 至 9 中所有的数字，即不可以有重复的数字。根据这样的游戏规则，数独的热衷玩家发展出了一系列基本的解法以及更复杂的进阶解法来应对数独游戏的挑战。

接下来我们介绍数独游戏的两种基本解法：排除法和唯一余数法。排除法，顾名思义，在某空白格填入数字时，可以根据同行 / 同列 / 同宫已有的数字排除空白格的候选可填数字。如图 4-1 所示（黑色的数字为游戏预先给出的数字），如果要判断第一行第四列（可以简写为 r1c4）应该填入的数字，可以发现盘面的第一行已经被填入了 2、3、5、

9	3	5	4	2				
			7					
			1					
			6					
			8					

图 4-1　排除法例题

9 四个数字，第四列已经包含 1、6、7、8 四个数字，利用排除法的思想推出 r1c4 的位置可以填写的数字不应该包含 {1,2,3,5,6,7,8,9} 这个集合中的任何一个数字。幸运的是，除去这些数字后，可使用的数字只剩下了 4，因此我们在 r1c4 的位置上填入 4。

唯一余数法也被简称为唯余法，指的是如果某一行 / 某一列 / 某一宫能够填某个数字的格的位置只剩下一个，那就在这一格中填入该数字。举个简单例子，如图 4-2 所示的数独例子中，我们可以利用唯一余数法对第一行第五列空白格的数字进行填写。观察盘面，第一行中已经填入了 2、3、5、9 四个数字，还剩 1、4、6、7、8 没有填入，由于在第三宫中已经填入了 4，因此第一行中可以填写数字 4 的空白位置中 r1c7、r1c8、r1c9 被排除了，只剩下 r1c4 和 r1c5 这两个位置，不难发现，r7c4 被预先填入了一个 4，根据规则，第四列中也不能再填入数字 4 了。经过上面的分析，第一行中可以填写 4 的位置就只剩下了第五列，于是我们就获得了 r1c5 位置的解。

图 4-2　唯余法例题

正如前面所说的那样，随着数独的流行，人们渐渐不满足于使用基本的解法来体验游戏，因此发展出了很多复杂的高阶解法。更多基于候选数（利用排除法等方法筛选后可以填入空白格的数字集合）的数独解法应运而生，比如利用宫与行或宫与列的重合部分来进行排除的区块摒除法与行列区块摒除法，以及利用候选数对形成的强弱链①来进行排除的XY-Wing法，等等。下面将用两个简单的例子介绍区块摒除法和XY-Wing法。

区块摒除法指的是利用宫内的排除法在某个宫内形成一个区块，通过排除该区块，再结合其他预先给定的数字，确定某宫内只有一个格出现某数字的方法。如图4-3所示，在第五宫中，也就是数独中心的宫，已经填入的数字集为{1,3,6,7}，空白格处待填入的数字集为{2,4,5,8,9}。由于

			2		8			
			4		5			
			6		9			
			7		3			
							5	
			1		6			

图4-3　区块摒除法例题

① 链是数独高级技巧的地基，它表示两个命题间的关系，所有的数独游戏都可以利用各种或简单或复杂的链进行求解。强链指两个命题不能同时为假，使用 == 表示；弱链指两个命题不能同时为真，使用 -- 表示。

第五行已经预先填入了数字 5，所以第五宫中可以填入 5 的位置被限制在了 r4c5 和 r6c5 两处。无论在哪处填写，数字 5 所在的位置都属于第五列，因此对于第二宫而言，r1c5、r2c5 和 r3c5 三个位置都不可以再填入数字 5 了，于是第二宫可以填写 5 的位置就只剩下空白格 r2c6 了。

　　XY-wing 法的核心思想是利用三种候选数形成的逻辑关系进行推理。感兴趣的读者可以结合图 4-4 所示的例子进一步理解。在这个数独游戏中，利用填入的数字和排除法等基本方法，我们已经在四个位置的空白格（r4c1，r4c7，r5c3，r5c9）内填入了所有可能的候选数。首先看到 r4c1 处的空白格，可以发现，无论是填入 4 还是 6，都将导致 r4c7 和 r5c3 两个格子中必有一处填入 7（若 r4c1 填入 4，那么 r5c3 中将填入 7；若 r4c1 填入 6，则 r4c7 中将填入 7）。又可以发现 r5c9 这个位置，与 r5c3 同行，与 r4c7 同宫，因此可以排除它候选数集中的 7。故利用这几处位置之间的约束可以顺利推导出 r5c9 处应该填入数字 6。

	9	2		4	6		8	3
	3	8					2	
			3			5		
(46)	2	3		9		67	1	8
9	1	47				3	5	67
8		5		3	1	2	4	9
7	8	6				4	3	5
3	4	1	6	5	7			2
2	5	9	4	6	3	8	7	1

图 4-4　XY-wing 法例题说明图

本章一开始，我们就介绍了什么是数独游戏，以及求解数独有哪些方法。但这些方法都是针对人的，是由人手工来求解数独游戏。如果我们想让计算机挑战数独游戏，像 AlphaGo 大战世界围棋冠军李世石一样表现出超过人类能力的性能，该使用什么样的算法呢？本章后续的内容将围绕以数独为代表的约束满足问题，以及它的相关解决算法展开。

什么是约束满足问题

上一节的末尾提到，以数独游戏为代表的这一类问题在数学中被称作约束满足问题，它也是搜索问题中的一类特殊而经典的问题。约束满足问题表示在对问题的解空间进行搜索时，需要寻找到能够满足约束条件或者限制因素的解。相信聪明的读者一定想到了本书第三章中的旅行商问题（TSP）的特征与本章探讨的内容之间的联系。没错，TSP 也带有一定的约束条件，它的约束条件是在路径的搜索过程中，必须经过所有的节点仅一次且最后需要回到起点，但是 TSP 不仅要求满足所有的约束条件，还要求所经过的路径最短。约束满足问题在现实中几乎无处不在，有着非常广泛的应用场景。

比如，四色问题是一个典型的约束满足问题。在四色问题中，我们希望为地图上不同区域分别填入四种颜色，并满足任意两个相邻的区域颜色不同的条件。排课问题是另外一个典型的约束满足问题。在排课问题中，我们需要对大量的课程、学生、教师以及教室进行合理安排，以确保每一位学生以及教师的课程不会存在时间冲突，同一间教室不会在同一时间产生课程冲突，等等。如果还要兼顾到学生和教师对于上（授）课地点和时间的需求，该问题将包括很多复杂且存在一定内在联系的约束条件，我们也很难像前面那样较轻松地处理约束。特别是大规模约束满足问题，需要我们设计特别的求解方法。

下面，我们从形式化的角度出发，对约束满足问题进行更正式的说明。约束满足问题可以使用一个三元组（X,D,C）来进行定义，其中：$X=\{X_1,X_2,\cdots,X_{n1}\}$，$D=\{D_1,D_2,\cdots,D_{n1}\}$，$C=\{C_1,C_2,\cdots,C_{n2}\}$。

X 代表量的集合。D 代表所有变量定义域的集合。C 代表限制条件的集合，约束满足问题中变量总数为 n_1，限制条件共存在 n_2 条。

按照上述定义对数独问题进行形式化的定义，可以得到三元组（X,D,C）的定义如下：

$$X=\{X_{ij}\}\ (i,j=1,2,\cdots,9)$$

$$D=\{D_{ij}\},\ D_{ij}=\{1,2,3,4,5,6,7,8,9\}\ (i,j=1,2,\cdots,9)$$

X 表示一个九宫格每个位置的取值。D 表示每个位置的取值范围是 1—9。约束条件的表示较为复杂，我们可以将其表达方式分为两种：一种是隐式的表达方式，另一种则是显式的表达方式。在日常生活中，使用频率比较高的是隐式表达方式，比如数独游戏的规则——"每一行、每一列、每一宫都必须包含 1—9 所有数字"就是一个隐式表达。

　　上述这种表达方式的好处在于人们可以用简单且容易理解的语言来表达问题所包含的约束内容。不过，这样的表达方式通常不容易使用数学的方式进行形式化说明。对于当前的计算机和人工智能算法而言，理解人类的语言比让它解决数独算法要复杂许多倍。目前比较常用的方法是定义一个测试函数，用来对当前解是否符合约束条件进行判断，以达到隐式约束检查的目的。如此一来，可以想象，计算机在问题求解的过程中，每次判断都将耗费掉大量的算力。整个求解过程中又包含着大量的判断，因此隐式的表达方式对于计算机和算法而言很不合适。而另一种方法，即显式表达方式其实是一种完美契合计算机"思考"方式的表达途径，通过限定每一个变量或者每一组变量的候选值范围来表达整个约束条件。我们根据约束中变量的个数，可以将约束划分为一元约束（只包含一个变量）、二元约束（只包含两个变量）以及多元约束（包含三个及以上变量）。比如在数独中某一个格子可以选取的值为 $\{1,3,5,6,7\}$，就是一元约束，可以表示为 $C=[X_{ij},\{1,3,5,6,7\}]$；若某行中已经填入了 1—7 共 7 个数字，则剩下两格都只能在 $\{8,9\}$ 中选取数字，则此刻这个约束就是一个二元约束，可以表示为 $C=[(X_{ij_1},X_{ij_2}),\{(8,9),(9,8)\}]$；多元约束以此类推……

　　不过，实际上一元约束和定义域在含义上并没有区别，我们可以直接删除一条约束并进行变量定义域的缩减。虽然约束可以分为三类，但它们彼此之间也可以进行转化，比如多元约束就可以转换为多条二元约束。故在算法设计中，为了简单起见，我们只考虑二元约束的情形。

不仅如此，二元约束的形式还方便我们通过图的方式表示约束。通过可视化图表的方式，我们可以简单直观地看出整个约束问题的情况以及各个变量之间的约束关系，同时也方便我们自己求解约束满足问题。在约束图中，我们将图中的节点定义为约束问题中的变量，将节点间的边定义为不同变量之间的约束。举个简单的例子，图 4-5（a）表示一幅游戏地图，共有 A、B、C、D、E、F 六个区域。我们需要用 R、G、B 三种颜色来涂满游戏地图的每个区域，并确保相邻的区域不使用同一种颜色。那么，我们该如何着色呢？图 4-5（b）表示了这个地图着色问题的约束图。

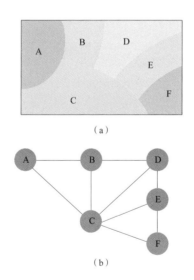

（a）

（b）

图 4-5　游戏地图及其对应的约束图

在工程上，约束满足问题更多指资源分配、调度这一类问题。比如在机场中，大量的飞机排队等待降落与起飞，要如何在跑道有限的条件下完成对各架飞机起降的设计与分配，是一个非常重要的问题，因为这将影响乘客的等待时间。更重要的是，机场情况时刻会发生变化，这需要算法有较强的实时性，能快速地根据不同时间的实际情况进行跑道分配和调整。在物流系统中也存在类似的情境，大量的货物都需要安排合适的物流资源与线路。在庞大的运输需求下，对资源调配方案做出一点点优化就可以为物流公司带来效率的提高和利润的增加。当然，上文提到的校园生活中的排课问题等也是常见的约束问题之一，在这类问题中，由于问题复杂且搜索空间巨大，无法通过遍历或常规算法用有限的时间和计算资源获得可行解或较优解。下面一节，我们将着重介绍适用于解决约束满足问题的算法。

约束满足问题求解

在对约束满足问题的主要求解方法展开正式探讨之前，首先请各位读者思考一下自己在解决数独问题的时候，会以怎样的方式思考和求解：我们会先观察数独的盘面，了解预先填入的数字。通过这种全局观察，再利用排除法、唯余法等解法，先填满那些可以立刻确定数字的空白格，而后结合其他高级的解法，逐渐缩小其他空白格的候选数集，最终完成整个盘面空白格的求解。但是对于"一板一眼"执行指令的计算机而言，数独问题更适合使用一种简单的、迭代的循环算法来进行求解。

下面我们将分别介绍计算机解决以数独为代表的约束满足问题常用的两大算法——回溯法和弧相容算法。

回溯法

回溯法也称试探法，它的基本思想可以概括为：从问题的初始状态出发，搜索从该状态开始可以到达的所有状态，并从中选择一个状态，沿着这个状态的方向进行搜索，直到走到尽头，再后退一步或若干步，从其他可能的状态所指的方向出发，继续搜索。这种利用"前进""回溯"等概念的算法就被称为回溯法。相信聪明的读者一定可以发现，第二章介绍过的深度优先算法就属于回溯法的一种。

利用回溯法来对数独问题进行求解，我们可以让计算机不停地向数独中的空格填入数字。每填入一个数字，就进行一轮约束条件的检查，直到违反规则或全部完成为止。此时，若填入的数字违反规则，则向上一步进行回溯，以此类推。通过这种方式，可以建立起一棵深度搜索树，直到最后找到一组满足所有约束条件的解。

以之前的地图着色问题为例：小明在进行地图着色游戏的体验，希望为游戏地图的所有区域填入 R、G、B 三种颜色，并保证相邻区域的颜色都不同。在上一节中，我们已经将问题转化成约束图（见图 4-5）的形式。现在，结合前面介绍过的约束的表达方式，我们将每一条边的二元约束条件也填入图中，可以得到图 4-6 所示的结构。

使用回溯法，计算机只需要随机从自变量定义域中选择一种取值作为当前状态即可。在地图着色问题中，假设计算机首先为图 4-6 最左侧的 A 区域填入了红色（R）。接下来，图中与 A 区域相邻边上的约束表达将发生更新，更新后的约束图如图 4-7 所示。

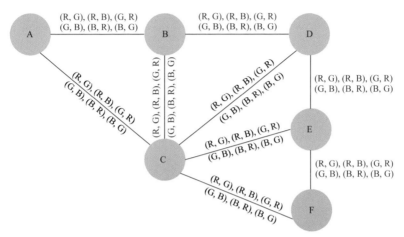

图 4-6　增添二元约束条件的地图着色约束图

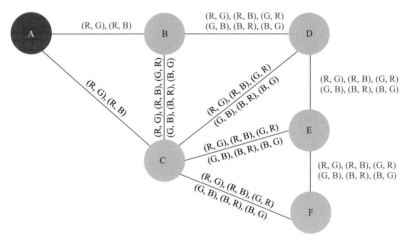

图 4-7　增添二元约束条件的地图着色问题约束图更新图 1

假设，下一步要填入颜色的区域是 B。可以从 A 节点和 B 节点之间边上的约束看到，此刻 B 区域可以填入的颜色选择为绿色（G）或者蓝色（B）。按照二元约束的优先顺序，这里为 B 区域填入绿色，在同样更新约束后，为 C 填入蓝色。两个区域的颜色更新后的约束图如图 4-8 和图 4-9 所示。

对于区域 D 颜色的填入，根据图 4-9 节点 B 和 D 边上的二元约束可知，可以使用蓝色（B）或者红色（R），在随机选择了蓝色后，更新后的约束图如图 4-10 所示。

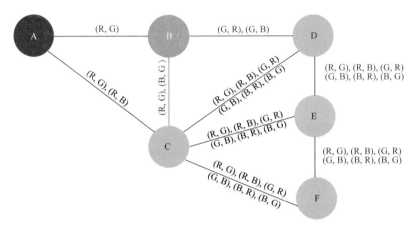

图 4-8　地图着色问题约束图更新图 2

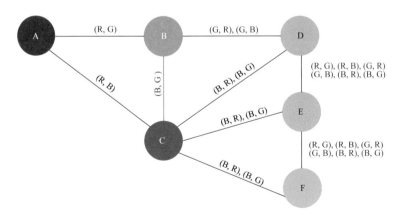

图 4-9　地图着色问题约束图更新图 3

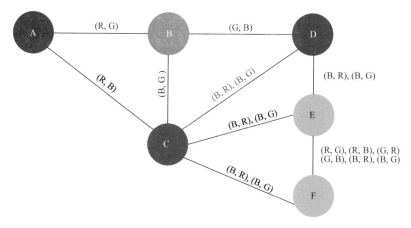

图 4-10　地图着色问题约束图更新图 4

此时可以发现，C—D 中的二元约束并没有包含（B，B）这一选项，说明此时地图着色问题的填色是不符合约束的。因此需要向前回溯，回溯至节点 D 被填入蓝色之前，并从节点 D 可以选择的颜色中重新选择。因为只剩下红色可供选择，所以暂时为 D 填入红色，并更新图中的约束以检查是否违反约束条件，从而判断是否需要继续回溯到更上一层（因为节点 D 没有其他可以选择的解，因此需要回溯到节点 D 之前的节点）。庆幸的是，更新约束图后，没有发生违反约束条件的情况。可以得到如图 4-11 所示的约束图。

参照这样的流程，我们可以为整幅图填入颜色，得到合法解中的一种，如图 4-12 所示。

如果直接使用回溯法，则会产生和前面几章解决最短路径问题和旅行商问题时一样的问题。随着问题规模的扩大，解的搜索空间也呈指数级增长，难以在有限时间内迅速找到合法解。回到简单的四色问题的情境中，其实可以

87

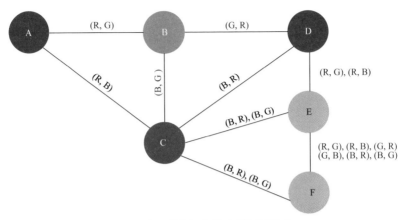

图 4-11　地图着色问题约束图更新图 5

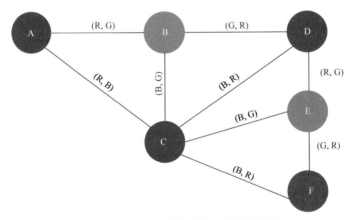

图 4-12　地图着色问题约束图更新图 6

发现，当区域 A、B 和 C 分别填入红色、绿色和蓝色的时
候，即如图 4-9 所示的约束图，其他节点的颜色就已经确
定了。因为非常明显，与 D 相邻的三个区域中，已经有两
个区域分别填入了两种不同的颜色，故 D 只剩最后一种颜
色——红色可以选择，以此类推，E 和 F 的颜色也可以推理
而得。以上的分析说明：程序与算法都是按照最初规定好
的逻辑在执行，无法像人类一样具体问题具体分析。我们

认为很多事情显而易见，是因为利用了脑海中已有的知识。程序中虽然没有包含人类脑海中如此丰富的知识，但我们可以针对不同问题以及所使用算法的特性，设计、优化以改进求解的程序，将我们脑海中的知识"告诉"程序。对于回溯法遇到的问题，我们也可以利用上一章介绍过的剪枝法提早扔掉一些较差的方向，或是利用随机搜索的思想来搜索较优解。

弧相容算法

数独问题中，当我们难以通过排除法来直接填入数字时，通常会采用填入候选数的方式，利用"试一试"的思想，试错后换另一个数字继续尝试，最终试出符合规则的数字组合。实质上，这种做法是利用"试一试"的方法，改变局面，从而可以继续使用排除法进行求解。当一个空白格的候选数发生改变后，我们会检查这个格子所在的行、列、宫中的所有格子，判断是否可以缩小其候选数集合的大小。以此类推，直到候选数缩减到只剩下一个时，就可以直接填入空白格中，并继续检查与修改其他空白格对应候选数的变动。

将这个方式用形式化的语言描述出来，就是经典的弧相容算法，又叫 AC-3 算法。这里，我们将一个二元约束称之为"弧"。对于一个变量来说，如果定义域中所有的值都满足它所对应的所有弧，则称之为"弧相容"。AC-3 算法维护了一个弧队列，其中包含所有需要检查的弧。在检查时，首先将排在队首的弧弹出，然后检查并修改该弧中

两个变量的定义域，使其满足弧相容的条件。假如变量的
定义域发生了修改，则将包含该变量的所有弧都加入队列
重新进行检查，这个过程也被称为"约束传播"。当弧队列
为空时，算法结束。此时，变量的定义域都已经尽可能小，
因此搜索空间也已经比开始时小得多。弧相容的算法框架
如图 4-13 所示。

Function AC-3()

// 第1阶段: 初始化

1　将所有的弧加入队列 Q

// 第2阶段: 主循环

2　**if** 队列 Q 为空 **then**　　　　　　　　　　*// 算法结束条件判断*

3　　**Exit**

4　取出队列 Q 中的第一条弧(*x*,*y*)　　*// 逐一对队列内的弧进行处理*

5　查找 *x* 的定义域中是否存在无法满足弧相容的值

6　**if** 存在 **then**

7　　删去不满足弧相容的值　　　　　*// 利用约束条件对 x 定义域进行缩减*

8　　将与 *x* 相关的所有弧都加入队列 Q 中　　　　*// 约束传播*

9　goto 第2行

图 4-13　AC-3 算法框架

　　在使用弧相容算法缩小当前所有空白格对应变量的定
义域后，我们可以利用试错的方法对不止有一个候选数的
空白格进行填写，通常选择只有两个候选数的格子作为试
错的对象。因为如果第一个选择的数字在之后发生了违反
约束的情况，就说明另一个数字是正确的解。在填入了一
个尝试的解后，就可以继续利用 AC-3 算法更新所有的候
选数。一旦发现不存在可行解，进入了无数可填的死局，
则退回到上一次试错，并将试过的数字从定义域中删除。
经过这样不停地试错、AC-3 算法约束传播和回溯的过程，

最终将找到可行解。对于其他的约束满足问题，一般可以
根据情况从下面三种策略中选择求解策略。

● 最多约束变量：如果一个变量有非常多的弧，则说
明选择这个变量以后，约束传播非常广，可以更多地减少
其他变量的定义域。

● 最少余下值：这是在求解数独问题中通常选择的方
法。利用这种方法可以尽快地排除错误解，从而更快地确
定这一变量的可行值或者判断问题不可解。

● 最少约束变量：与最多约束变量相反，选择弧最少
的变量，这种方法可以更大程度地保留后续选择的灵活性。

有了前面介绍过的弧传播算法以及优先策略，就可以
得到完整的约束求解问题算法了（见图 4-14）。

Function CSPGraphSearch(*G*, *S*)　　　　*// G是给定的图，S是初始搜索节点*

　//第1阶段：初始化

1　将初始搜索节点 *S* 放入 OPEN 表中　*//在数独的例子中，即选择第一个要进行约束的位置作为初始搜索节点*

　//第2阶段：主循环

2　**if** OPEN 表为空 **then**　　　　　　*//算法结束条件判断*

3　　算法失败

4　　**Exit**

5 取出 OPEN 表中的第一个搜索节点 *N* 作为下一搜索节点，将该节点放入 CLOSE 表中

　　　　　　　　　　　　　//表示当前节点已经进行过约束

6　**if** 找到可行解 **then**

7　　算法成功

8　　**Exit**

9　AC-3(*N*)　　　　　　　　*// 对当前结点利用 AC-3 算法进行解空间的约束*

10 将没有在 OPEN 表与 CLOSE 表中出现过的节点放入 OPEN 表中　*// 把其他未处理过的节点加入OPEN表*

11 **goto** 第 2 行

图 4-14　约束满足求解图搜索算法框架

数独问题求解

本节，我们将利用上一节所学习到的弧相容算法和搜索算法来具体地解决一道约束满足问题。那么，就用这样的方法来做一道数独题吧！数独的最初盘面如图 4-15 所示。

		3		2	9			1
6			1			4		
		8	3	7				
9		4						
	6	1					5	
					2			
	5						6	
				8	6		4	
7								

图 4-15 数独问题初始态

第一步，是要将所有的弧全部放入一个队列中，进行第一遍弧相容算法的计算。在弧相容算法运行前，我们需要进行一步准备工作：遍历数独中所有尚未填入数字的位置，随后将这些位置与其所在的行、列、宫中的其他未填入数字的位置组合为二元约束，放入队列中。

当初始的弧队列完成后，即可利用弧相容算法计算和修改所有格子的定义域。当一个格子的定义域大小为 1 时，则将唯一数字填入并将约束传播到同一行、列、宫中的弧。那么此时，我们将每一格的定义域用候选数的方式可视化填入数独中，就得到图 4-16。

45	47	3	456	2	9	567 8	78	1
6	279	257 9	1	58	58	4	237 89	235 789
124 5	124 9	8	3	7	456	256 9	29	256 9
9	237 8	4	567	135 8	135 678	123 678	123 78	236 78
238	6	1	479	348 9	347 9	237 89	5	234 789
358	378	57	456 79	134 589	2	136 789	137 89	346 789
123 48	5	29	247 9	134 7	134 7	123 789	6	237 89
123	123 9	29	8	6	135 7	123 579	4	235 79
7	123 489	269	245 9	134 59	134 5	123 589	123 89	235 89

图 4-16　数独问题更新 1

　　因为数独本身的求解过程就是不断减少定义域的规模直到只剩下唯一解，所以对于一些简单的数独问题来说，仅仅是做到定义域的大小这一步即可求出最后的解。不过，由于数独规则的特殊性，对于一些较难的数独而言，仅仅通过简单的约束传播并不能求出解，而更多复杂灵活的求解方法要通过编程实现则过于复杂。比如在这道数独题中，可以发现初始的情况下，利用弧相容算法后，居然没有任何一格的定义域大小被减小到 1。因此对于程序而言，不得不通过试错的方式来进行下面的操作。不过对于人类而言，还有许多其他的方法，比如图 4-17 所示情况。考虑第三列中红色圈出的两格，可以推理发现这两格除了 2 和 9 以外什么都不能填，因而可以得出这两格必须填 2 和 9 的结论，进而推导出这两格所在的宫和列中其他空白格都不能填入 2 或 9。这里使用红色标出可以删去的候选数，于是第九行第三列这一格的候选数只剩下 6 这一个数字，所以直接填入 6。

再比如，考虑第四宫，能够填入数字 5 的位置只有 r6c1、r6c3。所以对于第六行而言，5 必须填在这两个位置中，而不能填在其他位置，进而可以得出，这一行中其他位置的候选数 5 应当被删去，图 4-18 中红色所示的数字代表应当被删去的候选数。

45	47	3	456	2	9	5678	78	1
6	279	2579	1	58	58	4	23789	235789
1245	1249	8	3	7	456	2569	29	2569
9	2378	4	567	1358	135678	123678	12378	23678
238	6	1	479	3489	3478	23789	5	234789
358	378	57	45679	134589	2	136789	13789	346789
12348	5	(29)	2479	1349	1347	123789	6	23789
123	1239	(29)	8	6	1357	123579	4	23579
7	123489	269	2459	13459	1345	123589	12389	23589

图 4-17　数独问题求解策略 1

45	47	3	456	2	9	5678	78	1
6	279	2579	1	58	58	4	23789	235789
1245	1249	8	3	7	456	2569	29	2569
9	2378	4	567	1358	135678	123678	12378	23678
238	6	1	479	3489	3478	23789	5	234789
358	378	57	45679	134589	2	136789	13789	346789
12348	5	29	2479	1349	1347	123789	6	23789
123	1239	29	8	6	1357	123579	4	23579
7	123489	269	2459	13459	1345	123589	12389	23589

图 4-18　数独问题求解策略 2

通过上述的方法，人类可以仅通过推理并避免通过冗余的试错方法来完成全部数独问题的求解。而对于计算机来说，这样灵活、多样的规则还是太过复杂了些，因此它仍然需要经过"试错"的搜索过程：首先选择一种方法给所有变量排序，紧接着选择第一个变量并随机从它的定义域中选一个数字填入，然后利用这个填入的数字进行约束传播。经过不断地重复排序、填入、约束传播，以及可能发生的回退的过程，最终可以得到如图 4-19 所示的数独问题的解，感兴趣的读者可以利用学到的内容实际操作解决一下，以检验是否真正掌握了前面介绍过的内容。

5	4	3	6	2	9	7	8	1
6	2	7	1	5	8	4	3	9
1	9	8	3	7	4	5	2	6
9	7	4	5	8	6	3	1	2
2	6	1	4	3	7	9	5	8
8	3	5	9	1	2	6	7	4
4	5	2	7	9	1	8	6	3
3	1	9	8	6	5	2	4	7
7	8	6	2	4	3	1	9	5

图 4-19　数独问题的最终解

小结

本章我们从一款知名的益智类游戏——数独出发，引入了对一类新的问题——约束满足问题的介绍。约束满足问题是一类特殊的搜索问题，它表示在搜索过程中只需要考虑到与问题相关的约束和限制条件。约束满足问题在生活中有很多实际的应用，比如四色问题、学校排课问题……。从数学的角度，约束满足问题可以使用一个三元组（X，D，C）进行形式化的表示，其中 X 代表变量的集合，D 代表所有变量的定义域的集合，C 代表限制条件的集合。这里要注意的是，由于不同约束问题的限制条件各有不同，因此限制条件的表达也存在多种形式，其中通过限定每一个或每一组变量的允许值来表达整个约束是最常用也最适合计算机的表达方式。除了用基本的三元组对约束满足问题进行精练的表达，约束图也是问题解决过程中一个常用的手段。利用约束图，可以更清晰直观地对约束问题的情况和变量间的约束关系进行全局观察。除了搜索方法中最常使用的回溯法可以解决约束满足问题以外，本章主要介绍了弧相容算法（也称 AC-3 算法），它可以利用约束传播缩小变量定义域的规模。对于数独问题，求解过程可以概括为：排序、试错填写、约束传播、回溯过程的重复执行。当然，在数独游戏过程中，我们人类不可能采用和计算机一样的迭代方法，除了用排除法和唯余法这样基本的算法外，我们也会使用一些基于候选数的高级解法，比如利用宫与行或列的重合部分来进行排除的宫区块摒除法与行列区块摒除法，利用候选数对形成的强弱链来进行排除的 XY-Wing 法，等等，对此部分感兴趣的读者可以自行查阅相关资料学习，由于其并不属于本章的主要讨论内容，故不做展开介绍。

五　永不疲倦的画家 —— 演化算法

铅笔画《蒙娜丽莎》

《蒙娜丽莎》（见图 5-1）是文艺复兴时期意大利画家列奥纳多·达·芬奇所画的一幅油画，可以说是他最负盛名的作品，这幅画也可以说是世界上最著名的油画作品之一。它与《断臂维纳斯》《胜利女神像》并称卢浮宫镇馆三宝。画中描绘了一位黑衣黑裙、表情内敛、微带笑容的女士，她的笑容被人们称作"神秘的笑容"。因此这幅画也被称作《蒙娜丽莎的微笑》。

关于这位女士的身份，学术界一直众说纷纭。有人说她是佛罗伦萨一位富商的妻子，许诺重金给达·芬奇以求一幅肖像画；有人说她是一位米兰大公的夫人，达·芬奇

图 5-1 达·芬奇画作《蒙娜丽莎》部分

为她做了十一年之久的宫廷画家，而这幅画与大公夫人其他肖像画的相似程度是显而易见的；甚至还有人说这其实是达·芬奇的自画像，假如把这幅画与另一幅达·芬奇的自画像重叠在一起，两幅画像的面部竟然一模一样！毫无疑问，这些争论为蒙娜丽莎的神秘笑容更增添了一分传奇色彩。

在这里，我们不是要探究这幅画作本身或其背后的秘密，而是要使用计算机科学领域的技术，来重现这一伟大的艺术作品。图 5-2 展示了我们用电脑重现的《蒙娜丽莎》，是不是很有铅笔画的效果？

图 5-2 电脑重现的《蒙娜丽莎》部分

这个"铅笔画"版的《蒙娜丽莎》是如何创作出来的呢？我们可以通过图像处理的方法来模拟抽象派画家的风格，并重新作画；我们也可以给定计算机一批抽象派的画作，让计算机通过深度学习的方法来学习抽象派画家的风格，然后重现《蒙娜丽莎》。在这一章，我们将通过优化的技术手段来实现电脑自动作画。

假如我们无法直接看到《蒙娜丽莎》这幅画，而是只能通过某种方法，将另一幅画与它进行比较，看看二者是否相似，我们有办法重现《蒙娜丽莎》吗？一个最简单的思考逻辑就是：我先随便画点什么，比较一下其与《蒙娜丽莎》像不像。如果不像，那我在画上改一改，再比较一下。如果它比上一幅画更像《蒙娜丽莎》了，那我们是不是就在重现《蒙娜丽莎》的路上更进了一步？如果我一次又一次像这样改进我的画，有没有可能终有一天也能画出《蒙娜丽莎》这样的传奇作品呢？

答案是肯定的！接下来，我们就将基于这样的思想介绍一类求解问题的算法，或者说它们不仅仅是算法，而是一类求解问题的思路与策略：演化算法。

生物进化

达尔文在《物种起源》中提出了一个观点，认为当今地球上的生物都是由共同祖先进化来的。我们从最初的原始细胞进化到有独立思考能力的人类经历了 39 亿年，也就是说，其实我们和草履虫、青蛙、猫都来源于同一个祖先。250万年前，在东非大陆上，人类开始演化，我们的祖先是一种猿。过了50万年后，这些远古人类踏上了探索新世界的征程。他们见到了白雪皑皑的北欧森林、湿气蒸腾的热带森林、寸草不生的北非沙漠、波涛汹涌的四大洋。人类在不同的环境中生存需要具备不同的特征，因此人类开始朝着不同的方向进化，有了不同的肤色、瞳色、发色、发型、头型和身高等。

生存是人类最基本的能力。人类的祖先为了填饱自己的肚子，会采摘树上的野果；为了在寒风中取暖，会缝制保暖的衣物；为了获得精神的慰藉，会寻求伙伴的陪伴。

进化就是生物为了让自己存活下来，其特征逐渐地适应生存环境的需要，品质不断得到改良的一种生命现象。物以类聚，人以群分。生物的进化往往是以种群为单位的。种群是一个物种在一定的地域中的全体成员，种群中的雌雄个体不仅能够通过有性生育生成新的个体，还能实现基因的交流。生物的进化实际上是种群的进化，不断会有新的个体生成，不断会有老的个体消亡，也不断会有劣势个体被淘汰，但是种群总是会保留下来。现代生物学研究也告诉我们，存放生物特征的物质是基因，存放整个种群基因的库被称为基因库，每一代个体基因型的改变会影响种群基因库的组成。

根据达尔文在进化论中提出的"物竞天择，优胜劣汰，适者生存"，各种生物在环境中互相竞争，是否存活下来是由自然来选择的。能够适应环境的个体具有更高的生存能力，更容易存活下来，并有更多的机会产生后代，其特征得以保留和扩散；而那些不适应环境的个体会越来越少，其特征也会渐渐消失。通过自然的选择，物种会渐渐朝着适应生存环境的方向进化。

生物在进行有性繁殖的时候，可能会发生基因的突变。如果这种变异有利于生物适应生存环境，那么这种有利变异就会通过环境的筛选被保留下来。我们可以来看看长颈鹿脖子变长的例子。在很久以前，长颈鹿还没有那么长的脖子，还是"短颈鹿"，在某一代繁殖新的小短颈鹿的时候，基因发生了突变，有些小鹿在长大后能够长出更长的脖子，由于它们的长脖子优势，它们总能比同种群的短颈鹿吃到更高处的树叶。在食物短缺的时候，短颈鹿的同伴为饥荒所困，而长颈鹿的少数派因为能够吃到更高处的树叶，不用烦恼生存问题，有了更大的繁殖优势。如图 5-3 所示，随着长颈鹿群体的繁衍壮大，长颈鹿的基因也就保留了下来。

图 5-3 长颈鹿在自然选择的作用下得到了适应其生存的长脖子

达尔文的进化论是生物学历史上一座重要的里程碑，解释了自然选择作用下生物的进化。1865 年现代遗传学之父孟德尔发表了题为《植物杂交实验》的论文。他通过豌豆的杂交实验，不断地对豌豆的性状和数目进行细致入微的观察，发现了生物遗传的基本规律——分离率和自由组合律。随着细胞学的发展，科学家们探索到了染色体的存在、减数分裂和受精过程，认为细胞的减数分裂中，染色体与基因是有明显的平行关系的，并推测基因是位于染色体上的。美国遗传学家摩尔根（Thomas Hunt Morgan）通过果蝇的杂交实验证实了染色体是基因的载体，确立了染色体的遗传学说，提出了遗传性状是由基因决定的，染色体的变化必然在遗传性状上有所反映。

生物的性状往往不仅仅决定于单个基因，是不同基因相互作用的结果。除此之外，环境也会影响基因的表达，鳄鱼蛋的孵化温度会决定鳄鱼的性别，植物在光照作用下被激活的相关基因会决定植物是否开花，南方之橘移植淮河之北就会变成枳。起初，孟德尔豌豆实验并不是为了探索遗传规律而进行的。他做实验的初衷是希望获得优良品种。农业生产中，为了改良动植物的品种，常常可以采用杂交、嫁接等措施。

遗传是生物从其亲代继承特性或性状的生命现象，研究这种生命现象的学科就称为遗传学。由于遗传的作用，人们可以种瓜得瓜，种豆得豆。构成生物的基本结构和功能单位是细胞，细胞中有一种微小的丝状化合物，存储着生物的所有遗传信息，它就是染色体。染色体主要是由蛋白质和DNA组成的，DNA携带着合成RNA和蛋白质所必需的遗传信息，是生物体发育和正常运作必不可少的生物大分子。基因是有遗传效应的DNA片段，控制生物的各种性状表现。它们之间的关系如图5-4所示。

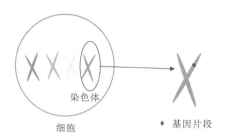

图 5-4　染色体和基因

　　细胞分裂时，DNA 通过复制而转移到新产生的细胞中，新细胞会继承旧细胞的基因。有性生物在繁殖下一代时，两个同源染色体之间会通过交叉而重组，即两个染色体的某一相同位置的 DNA 被切断，断裂的两端分别交叉组合而形成新的染色体，如图 5-5 所示。

图 5-5　染色体的交叉导致基因重组

　　因此，一位基因型为 AABB 的父亲和一位基因型为 aabb 的母亲，可能通过 DNA 片段的交换得到基因型为 AaBB 和 Aabb 等的个体，如图 5-6 所示。

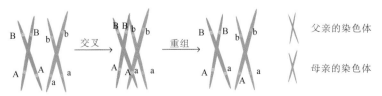

图 5-6　染色体的交叉导致基因重组的案例

在进行复制时，可能以很小的概率产生某些差错，可能会发生基因片段的丢失、重复、倒位或者突变，从而使DNA发生某种变异，产生新的染色体，使得个体表现出新的性状。

染色体是生物的遗传物质，染色体发生改变后，相应地，个体的表现型也会发生改变。生物进化的本质体现在染色体的改进上。自然界的生物进化是一个螺旋式演进的过程，在这一过程中，适应环境变化的生物种群繁衍壮大，不适应环境变化的种群则逐渐走向灭亡。

演化算法

从生物在自然界中生存繁衍的过程中可以看出，生物进化的特征是不断地适应环境，总是向着更有利的方向发展。生物进化过程可以看作一种优化过程，生物能够通过进化得到适应环境的最优解，这在计算机科学上具有直接的借鉴意义。

演化算法是一种基于种群的智能搜索与优化方法，借鉴的生物学基础就是生物的进化和遗传。这种算法能够不受搜索空间的约束，以很大的概率找到全局最优解。近年来，由于演化算法求解复杂优化问题的巨大潜力及其在工业工程、人工智能、生物工程、自动控制等各个领域的成功应用，该算法已演变为一个巨大的算法族，并得到了广泛的关注和应用。可以说，演化算法是目前为止应用最为广泛和最为成功的智能搜索与优化方法。

演化算法的基本框架

上一节给大家介绍了生物进化的一些基本概念。演化算法就是模仿生物进化的一种计算机算法，当然它只是借鉴和模仿了生物进化，并不是对生物进化完完全全的拷贝，事实上生物进化过程中的一些问题到现在仍是未解之谜。

演化算法是一种基于群体寻优的方法，算法运行时是以一个种群在搜索空间进行搜索的。在演化算法中，把问题的解作为个体，把我们需要求解的目标作为个体适应环境的程度，也就是适应度。一组问题的解就是一个种群，在算法开始的时候，个体可能都是不好的解，但是通过个体的交叉和变异，总能选择出那些适应环境的解。这样通过交叉变异产生新的个体，再挑选更加适应环境的个体进入下一代，反复执行这个过程，就能得到一个最能适应环境的个体，也就是优化问题的近似最优解。

图 5-7 显示了演化算法的基本框架。

Function EvolutionaryAlgorithm(n)　　　　　　　　　 // n 是种群规模大小
　// 第1阶段: 初始化
1　产生一个大小为 n 的初始种群 Pop　　　　　　　　 // Pop 中存放的是问题的解
　// 第2阶段: 主循环
2　**if** 满足算法停止迭代条件 **then**　　　　　　　　　　 // 满足算法停止条件, 则返回最优解
3　　返回 Pop 最好的个体并结束
4　种群 Pop 之间的个体交叉变异生成新的种群 Pop'　　 // 交叉变异产生新个体
5　令 Pop =Pop + Pop'
6　对 Pop 依据适应度大小进行选择, 挑选 n 个较优个体并保存在 Pop 之中　 //选择个体进入下一代
7　**goto** 第2行

图 5-7　演化算法的基本框架

  首先，演化算法通过随机的方式来生成一组初始的解，这组解又被称为初始种群。当然，如果能对初始种群进行相应的干预就更好了，于是就需要通过一些经验构造初始种群。事实上，算法的初始化好坏一般不会影响最终的结果。用经验构造初始种群时，相当于给了这个种群的个体很好的初始条件，它们就能够更快、更好地适应环境，也就能更快地帮我们找到最优解。

  在我们得到了随机生成的初始种群后，需要确定每个个体的适应度函数。在生物进化过程中，每个个体对于环境的适应能力是不同的，自然选择的过程中总是会留下更适应环境的个体。演化算法在每一代的进化中也是需要进行环境选择的，那么选择的依据是什么呢？演化算法定义了适应度为个体生存机会的唯一确定性指标，可以通过适应度来表征种群中每个个体对其生存环境的适应能力。适应度函数定义的形式影响着群体选择的方向，进而影响群体的进化行为。为了获得最优解，函数的定义十分重要。适应度函数需要依据我们优化的目标函数来确定。对于给定的优化问题，可以通过建立适应函数与目标函数的映射关系来使得目标函数的优化方向总是与适应度提高的方向一致。比如，对于一个求函数最小值的问题，目标是值越小越好，但是我们希望它的适应度值越大越好，这时候我们就可以定义一个从优化目标到适应度函数的函数变换。在这个例子中，很简单的做法就是把目标函数的相反数作为适应度函数，这样就保证了在我们找到适应度最高的个体的时候，它的目标函数值一定是最小的。

　　在知道了每个个体的适应度之后，我们就可以通过个体之间的交配来得到新的个体了。我们默认个体的适应度越高，该个体的繁殖能力越强，其基因被下一代遗传的概率越大；反之，个体的适应度越低，该个体的基因被下一代遗传的概率也越小。基因优良的个体两两进行繁殖，繁殖产生的个体组成新的种群，新的种群的基因表现是朝着更适应环境的方向前进的。用一句话来说，新个体的生成过程就是青出于蓝而胜于蓝。

　　通过父代的繁殖，产生了一定数量的新解，那么我们可以把子代和父代的个体进行合并，选择最优秀的一部分进入下一代，开始新一代的进化。在演化算法中，自然选择规律体现在以适应度的高低来对个体进行选择。让我们再次以长颈鹿进化打比方，最不需要担心在进化的过程中被淘汰的个体就是那些脖子很长的长颈鹿，因为它们可以吃到高处的树叶，就不用担心在饥荒中被饿死。长此以往，长脖子的个体越来越多，长脖子的基因就被保留下来了。用一句话来说，后代个体的选择过程就是优胜劣汰、适者生存。

　　新解的生成过程和后代解的选择过程交替反复迭代，就是对生物进化过程的模拟。在种群进化了若干代后，得到的种群已经比原始的种群优秀很多了。当算法停止的时候，我们可以把适应度最好的个体作为我们求得的最优解，它实际上是对原来优化问题的一个近似。

　　我们可以把演化算法的基本流程采用图 5-8 的形式来呈现，图中的箭头表示算法的执行流程。

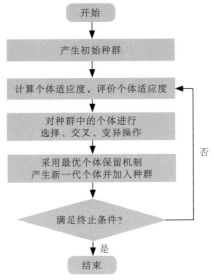

图 5-8　演化算法的基本流程

演化算法的核心要素

上一小节，我们对演化算法的基本框架做了介绍。这个基本框架针对不同的搜索与优化问题，可以有不同的实现方案。因此，演化算法又可以看作一个算法族，并不是某一个具体的算法。在本小节中，我们来对演化算法框架中的一些要素做进一步的阐述和分析。

编码：在演化算法中，问题的解 $X=(x_1, x_2, \cdots, x_n)$ 就是一个染色体或者是一个个体，染色体中的每一位 x_i $(i=1, 2, \cdots, n)$ 是一个基因，n 为染色体的长度。常用的编码方式有二进制编码，用固定长度的 0、1 字符串来表示一个个体，比如对于一只长颈鹿可以进行编码，$X=$（脖子，性别，尾巴），编码规则如表 5-1 所示。

表 5-1 长颈鹿的基因型编码

	0	1
脖子	短脖子	长脖子
性别	雌	雄
尾巴	短尾巴	长尾巴

如 X=（101）可以用来表示一只长脖子、长尾巴的雌性长颈鹿。

当然这里的编码也可以定义成 0 到 1 之间的实数，此时染色体的第一位表征脖子的长度，第二位表征性别。由于长颈鹿只有两种性别，所以需要定义一个阈值，当基因的值大于阈值的时候可以认为它是雄性长颈鹿，小于阈值的时候则认为它是雌性长颈鹿。第三位则表征长颈鹿尾巴的长度。当脖子的长度单位为 10 米、性别基因的判别阈值是 0.5、尾巴的长度单位为米时，X=（0.2,0.4,0.6）可以表示一只脖子长度为 2 米、尾巴长度为 60 厘米的雌性长颈鹿。

种群：演化算法中的多个个体组成种群。然而与生物种群中的个体不同的是，这时候的个体不再是由细胞构成的有机整体，而是存放个体遗传信息的染色体，每个染色体对应着问题的一个解。种群中个体的数量称为种群大小或者种群规模，种群规模通常采用一个不变的常数。一般来说，演化算法中种群规模越大越好，种群规模越大，优良基因在个体中占的比例越大，保留到下一代的可能性越大。但是种群规模的增大，也会带来运算时间的增长。种群的大小一般设为 100—1000。

选择策略：根据"物竞天择，适者生存"的思想，适应度高的个体有更大的可能性繁衍后代并生存下去，能够使优良的基因保留在种群中。因此在演化算法中我们可以设置一个交配池，选择适应度相对比较高的个体存放于其中进行繁殖。同时，选择策略也可以用在对后代个体的挑选之中。常见的选择策略有锦标赛选择法和轮盘赌选择法。

锦标赛选择法是指在每次选择一个个体的时候，总是先举办一场"比赛"。既然你想活下去，那就比比谁的适应度更高吧！每次都会有若干个个体参与竞争，但是能够进入交配池的只能有一个。锦标赛选择法中参与"比武招亲"的个体数目一般是人为给定的，并且每次选择的时候结果都是确定的。

轮盘赌选择法类似于博彩游戏中的轮盘赌。整个转轮被分为大小不同的扇面，我们每次转动转盘指针后，它都会随机停在不同的位置，分别对应着不同的奖项。可以针对种群中的个体设计一个轮盘，轮盘的每个扇面分别对应不同的个体，把个体的适应度在整个种群的全部个体的适应度之和中所占比例作为扇面的圆心角大小。较高适应度的个体对应着较大圆心角的扇面，而较低适应度的个体对应着较小圆心角的扇面。如图 5-9 所示就是一个个体适应度的轮盘。

每一次进行选择的时候可以产生一个 0 到 1 之间的随机数，这个数停留的范围相当于转动轮盘时指针停止的扇区，该扇区代表的个体即被选中。例如，假设生成的随机

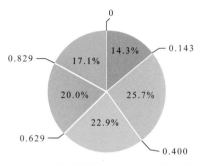

图 5-9　轮盘赌选择法中的"轮盘"

数是 0.008，则指针落在绿色的扇区，绿色扇区内的个体被选择。

　　显然，个体的适应度越高，被选择进入交配池或进入下一代的概率越大。这也不是说适应度高的个体一定会被选中，适应度低的个体一定不会被选中。被不被选中是按照一定的概率来的，只是适应度高的个体被选择的概率大、适应度低的个体被选择的概率小。

　　遗传算子：演化算法利用遗传算子模拟生物进化中创造后代的繁殖过程。算子的设计是演化算法的主要组成部分，也是调整和控制进化的基本工具，是演化算法的精髓，也是变化最多的地方。演化算子有多种实现形式，这里我们主要介绍交叉和变异两种形式。

　　交叉算子：交叉算子模仿的是自然界中有性繁殖的基因重组过程，父母双亲通过交换染色体上的基因片段来产生子代，生成包含更复杂基因结构的新个体，新个体结合了父母双亲的性状。由于有性繁殖的基因重组是随机的，并且是一个频繁发生的现象，因此我们可以为演化算法中的交叉设置一个交叉概率，交叉概率为交叉的个体数占总个体数的比例，是否发生交叉取决于交叉概率。交叉概率越大，越有可能产生新的个体，越是能够探索到更多的基因，从而减小停止在非最优解上的机会，因此交叉概率一般是一个较大的值。

对于编码为 0、1 字符串的个体，可以使用单点交叉进行变异，单点交叉的一般步骤如下。

（1）从交配池中选择两个个体作为双亲。

（2）是否实行交叉操作：生成一个 0 到 1 之间的随机数，如果该随机数大于交叉概率则不进行交叉，否则对父母双亲实施交叉操作，执行步骤（3）。

（3）选择交叉位置，实行交叉操作：对要交配的父母双亲，随机选择一个断点。将染色体断点的右端互相交换，即可形成两个新的后代。

假设给定一对父母双亲，其中父亲 P_1 的染色体为 {100100110}，母亲 P_2 的染色体为 {011101100}。如果产生的随机数小于交叉概率，则进行交叉。假设交叉概率为 0.7，生成的随机数为 0.4，那么要进行交叉。随机选择交叉的位置，生成一个小于 9 的整数，如果生成的随机数是 4，则交叉可以用图 5-10 表示。

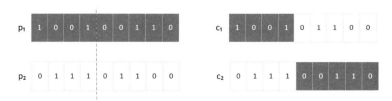

图 5-10　父母双亲通过染色体交叉得到两种基因型的子代

最终生成的个体 C_1 和 C_2，染色体分别为 {100101100} 和 {011100110}。两个含有良好基因的父代也可能会通过交叉产生没有良好基因的个体，比如两个视力正常的父母生出的孩子也有患红绿色盲的可能。演化算法的性能在很大程度上取决于采用的交叉运算的性能。

变异算子：如果只考虑交叉操作实现进化机制，不会出现种群中未出现过的基因，只会出现种群中未出现过的基因组合。而种群的个体数是有限的，经过若干代交叉操作后，源于一个较好祖先的子个体基因逐渐充斥整个种群，可能会导致过早地找到问题"最优解"而收敛。为避免过早收敛，解决办法之一就是借鉴自然界生物变异的思想，在进化过程中加入具有新遗传基因的个体。生物性状的变异实际上是源于控制该性状的基因编码发生了突变，这对于保持生物多样性是非常重要的。

算法中的变异算子让个体某些基因位随机发生改变，可以提供种群中未出现过的基因，也可以找回进化过程中丢失的基因。对于编码为 0、1 字符串的个体，可以以一个较低的变异率对每一位进行取反操作，比如对个体的每一位以 0.1 的概率进行翻转，如果第二位和第七位发生了翻转，则如图 5-11 所示，C_1 的染色体由 {100101100} 变异成了 {110101000}。

变异率为种群中变异基因数占总基因数的百分比。变异率控制着新基因导入种群的比例。若变异率太低，一些有用的基因就难以进入选择；若变异率太高，随机的变化太多，那么后代就可能失去从双亲继承下来的好特性，这

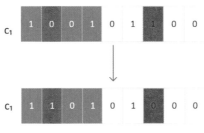

图 5-11　染色体的变异

样算法就会失去从过去的搜索中学习的能力。

　　上面介绍的是基本的演化算法中的交叉算子和变异算子，实际上对于不同的编码方式有着不同的交叉和变异方式，要根据问题具体分析。

　　停止条件：那么算法什么时候可以认为找到了最优解并且停下来呢？演化算法的停止一般是采用设定最大迭代次数的方法，当然也可以设置一个最优个体的最大不变代数，也就是说，当种群中的最优个体已经很多代都没有发生改变的时候，我们就可以认为找到了最优解。

铅笔画的自动生成

　　今天我们要尝试的实验任务是使用演化算法来"绘制""铅笔画"版《蒙娜丽莎》。那我们如何才能办到这件事情呢？我们的基本想法是把铅笔画的自动生成问题变成一个优化问题，并采用演化算法来求解。这就涉及编码、适应值、交叉和变异算子、选择策略、停机条件的具体定义。接下来，我们将用通俗易懂的、去数学化、去公式化的方式向大家展示演化算法中每一处的细节，包括每一步的目的、每一步的输入、采取的操作、输出结果，以及除了这样做我们还可能有哪些做法等等。现在就让我们真正揭开演化算法技术神秘的面纱，去感受其中无与伦比的美妙与趣味吧！

编码描述

首先要解决的问题是如何来定义一幅图像。在这个任务当中，我们使用多个不同颜色、不同形状的多边形来"画"一幅画。我们将"一幅画"定义为一个个体（见图5-12），而组成这幅画的多边形，就是它的"基因组"，其中每一个多边形都是一个基因（见图5-13）。为了方便起见，在每幅画中我们都使用相同个数的多边形，这个个数被称为基因组的长度。

图 5-12　算法中的一个个体
（300 个多边形）

图 5-13　一个多边形
（4 个顶点，蓝色）

在这个问题中，我们将一张图片编码为由多个多边形堆叠形成的图像。每个多边形描述为 $z=(z_1, z_2, \cdots, z_{2m},$

z_{2m+1}, z_{2m+2}, z_{2m+3}, z_{2m+4}），共有 $2m+4$ 个数值。这个多边形由 m 个顶点构成，（z_{2i-1}, z_{2i}）表示第 i 个顶点的坐标，（z_{2m+1}, z_{2m+2}, z_{2m+3}, z_{2m+4}）表示多边形的颜色（RBGA 值），具体含义如表 5-2 所示。每个个体（每幅图片）由 n 个多边形来表示，$x=(x_1, x_2, \cdots, x_n)$，其中每个元素 x_j 是一个 $2m+4$ 维的向量，表示一个多边形，个体数值总长度是（$2m+4$）n。

表 5-2　颜色编码的含义（RGBA）

z_{2m+1}	z_{2m+2}	z_{2m+3}	z_{2m+4}
红色值	绿色值	蓝色值	颜色透明度

接下来我们将按照演化算法的每个步骤，来看这个算法具体是如何实现的。

初始化

在这一步中我们需要初始化演化算法的种群。初始化的种群只是一幅幅由杂乱的多边形构成的图片，从中看不出任何有意义的图形。假设我们对这个问题没有任何先验知识，即我们对《蒙娜丽莎》这幅画一无所知，不知道这幅画画的是一个女人，抑或是一朵花、一只猫……。因此这里我们采用随机初始化的方式产生初始种群，即每个个体初始化为一定个数的顶点坐标随机、颜色随机的多边形的组合（见图 5-14）。

交叉算子

之前我们已经介绍过，种群中的每个个体被编码为一

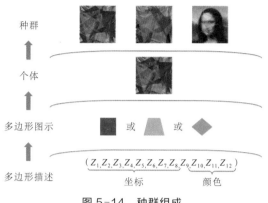

图 5-14　种群组成

定长度的列表，列表中的每个元素储存有多边形的顶点坐标和颜色信息。那么就像自然界中生物体产生后代时会发生染色体杂交过程一样，在演化算法每一代中我们选取两个父代个体，然后采用单点交叉的方法交换父代染色体上的点位。这里每个点位代表一个多边形，直观上来讲就是将两幅图片中的某两个多边形进行交换，以这种方式来生成子代，产生新的个体，如图 5-15 所示。

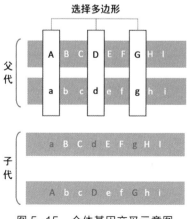

图 5-15　个体基因交叉示意图

变异算子

变异可以说是生物进化和演化算法中最精彩也最重要的部分。正是因为变异的存在，自然界才有了丰富多彩的生物物种。而在演化算法中，也正是因为有了变异，才让算法有能力一步一步向着目标前进。接下来就让我们一起来看看在这个问题中变异操作是如何执行的。之前已经讲过，个体，也就是一张图片，在我们的问题中是以一个包含一定个数多边形形状、颜色信息的列表来编码的。在之前的交叉操作中，我们只是交换了两个个体中的某两个多边形，实质上并没有产生新的多边形。那么，在变异操作中，我们就需要产生新的多边形了。如何产生呢？我们通过以一定概率对多边形的顶点坐标与颜色施加扰动的方式来进行，如图 5-16 所示。

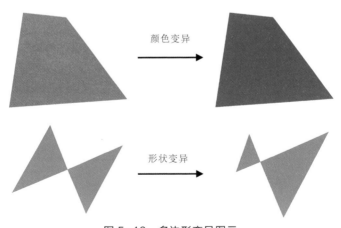

图 5-16 多边形变异图示

这里值得一提的是，其实在演化的过程中扰动的幅度是会发生变化的。仔细想想，这也是符合直觉的，因为我们最初的画离目标《蒙娜丽莎》还差得远，这时候就需要大幅度的扰动才能让个体迅速地向我们的目标靠近；而到了演化的后期，我们的画已经很像《蒙娜丽莎》了，可能只是一些细节上还有待改进，这时候需要的就是相对小幅度的扰动了。所以，在我们的演化算法中需要使用一个参数来控制扰动幅度的大小，这个参数的值是随着迭代次数的增加慢慢衰减的。

适应度计算

前面介绍了演化算法是如何初始化，又是如何通过杂交和变异产生新的个体的，但是还有很重要的一步没有介绍，那就是：我们是如何在这些个体中做选择和淘汰的呢？正如达尔文所说："物竞天择，适者生存"，我们需要找到一套方法来评估个体是否"适应"其生存的环境。这套方法叫作适应度函数，它可以用来计算每个个体对于环境的适应程度。在"铅笔画"《蒙娜丽莎》的例子中，个体的适应度评估是根据计算机绘制的画与原画《蒙娜丽莎》是否相像来进行评判的。换言之，如果一幅画更像《蒙娜丽莎》，它就应当具有更高的适应度值。那么我们如何评判一个个体是否像《蒙娜丽莎》呢？可以使用生成的图像像素与原图像像素的欧氏距离来衡量。其像素与原图像像素的欧氏距离越大的个体，具有越低的适应度。当然欧氏距离只是一种距离的度量方式，我们还可以用如 L1 距离、HSV 距离等其他度量方式来衡量一幅画与《蒙娜丽莎》的相似程度。

选择算子

现在我们有了父代和子代的个体，有了适应度的评估方式，那么我们怎么选择好的个体来进入下一代呢？或许有的读者会说，选择适应度高的个体进入下一代不就好了吗？这是非常自然的一种想法，我们实际也是这样做的，总是选择适应度更高的个体进入下一代，这种选择方法叫作精英选择策略，即每一代选出适应度最高的几个个体作为父代参与下一代的子代生成。但是这种策略实际上是存在一定问题的，如果每次都只选最好的个体进入下一代，那么很快所有个体都长得相差无几了，会导致过早收敛。因此实际上在演化算法中我们有很多种选择算子，之前介绍的轮盘赌方法和锦标赛方法就是其中最常用的两种。在绘制《蒙娜丽莎》的算法中，作为对于精英选择策略的补充，每一代除了选择适应度最高的几名个体进入下一代之外，还使用了前面介绍过的锦标赛方法来选择双亲产生后代，其杂交产生的子代和之前的精英一起构成下一代的种群。

停机条件

演化算法是一种迭代搜索优秀个体的算法，因此我们需要定义一个停止迭代的条件，也就是停机条件。在这里，停机条件采用最大迭代次数，也就是达到一定迭代次数后算法停止。

算法运行参数

将以上设定放到演化算法中就构成了自动画图的演化算法。在算法执行之前，我们还要设置算法运行的具体参数，这些参数也被称为超参数。超参数是指算法中预先定义好的，而不是通过优化得到的那些参数，例如每个图中多边形的数量、每个多边形的顶点个数等等。为了方便读者探索其中的奥秘和开展进一步的工作，我们将项目源代码开源放在和鲸旗下的 ModelWhale 下[①]，感兴趣的读者可以参与复制和改进我们的代码。

如图 5-17 所示，在代码的这一部分，我们向算法提供超参数设置。其中 n_individuals 参数定义了种群中个体的数量，n_polygons 参数定义了每个个体中多边形的数量，n_vertices 参数定义了每个多边形的顶点数目（即这个多边形是几边形）。从直觉上来讲，这三个参数越大，算法对于图片的拟合能力越强，最终画出来的图像与原图越像，但消耗的时间与计算资源也会相应增加。reference_image 参数是《蒙娜丽莎》原图的地址，这里我们提供" monalisa.jpg"和" monalisa_smile.jpg"两张图片。前者是《蒙娜丽莎》原图，后者是截取的《蒙娜丽莎》脸部特写。当然，读者完全可以上传自己的图片，来试试演化算法是否对所有类型的图片都有效。接下来，generations 参数定义了达到停机条件需要的代数。tournament_size 参数定义了锦标

---

① 网址：https://www.kesci.com/mw/project/5fd6d03a83e4460030a393d9

赛选择时每次选择的个体数目。p_crossover 参数定义了
交叉操作发生的概率。sigma_color 和 sigma_shape 两个
参数分别定义了颜色变异和形状变异的强度,这个值越大,
变异的幅度就越大。p_relative 参数定义了每个个体发生颜
色变异和形状变异的相对概率(每个个体不是发生颜色变
异就是发生形状变异,如这里的 0.3 代表发生颜色变异的
概率是 0.3,发生形状变异的概率是 0.7)。最后,elitism
参数定义了每次选择前几名的精英直接进入下一代。读者
可以自由尝试以上超参数的不同组合会产生怎样的效果。

超参数设置

```
In [ ]: n_individuals = 21        # Number of individuals (From 1 to inf, elitism + n_individuals must be pair)
        n_polygons = 1000          # Number of polygons each individual starts with (From 1 to inf)
        n_vertices = 10            # Number of vertices for each individual (From 3 to inf)
        reference_image = Image.open('monalisa_smile.jpg')

        # Initialize population with previous parameters.
        population = Population(n_individuals, n_polygons, n_vertices, reference_image)

        generations = 100000       # Number of generations to evolve the population (From 1 to inf)
        tournament_size = 5        # Tournament size for crossover selection (From 1 to n_individuals)
        p_crossover = 0.05         # Probability that two polygons are swapped during crossover (From 0 to 0.5)
        sigma_color = 1            # Strength of the mutation (From 0 to inf, although it is recomented to be < 1)
        sigma_shape = 1            # Strength of the mutation (From 0 to inf, although it is recomented to be < 1)
        p_relative = 0.3
        elitism = 1                # Individuals passed to next generation by elitism (From 0 to n_individuals)
        results_path = '../results/geneticalgorithm'

        # Start the evolution with previous parameters
        population.evolve(generations, tournament_size, p_crossover,
                          sigma_color, sigma_shape, p_relative,
                          elitism, results_path)
```

图 5-17　算法的超参数设置

算法运行结果

万事已俱备,下面我们就可以执行算法了。图 5-18 截
取自我们算法代码的运行结果。可以看到,从初始的一团
乱麻,算法只过了 2000 代就迅速地在画卷上大致描绘出一
个女人的轮廓;大约到 10000 代时,人像更为清晰了;大
约到 13000 代时,女人头发处的细节已经很接近原始的图
片了;大约到 20000 代时,女人的面部特征开始呈现,已

经能隐约看出五官的形状，可以看到算法的收敛是在变慢的，到这时候，可能要过成百上千代，产生的图片才会有人眼能观察到的变化；到了 70000 代，也是最终的演化结果，可以看到女人的五官轮廓更为清晰了，其背景的树影细节也非常接近原图了，比较可惜的就是五官部分的细节还是没能演化到最好的效果。

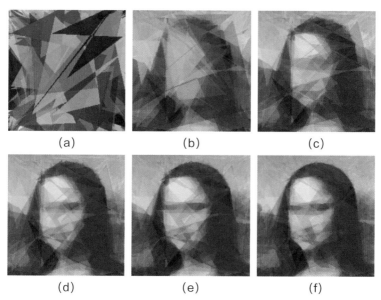

(a)　　　　　(b)　　　　　(c)

(d)　　　　　(e)　　　　　(f)

图 5-18　《蒙娜丽莎》画像的演化过程，(a) 初始最优的画作；(b) 演化大约 2000 代后生成的最优画作；(c) 演化大约 10000 代后生成的最优画作；(d) 演化大约 13000 代后生成的最优画作；(e) 演化大约 20000 代后生成的最优画作；(f) 演化大约 70000 代后生成的最优画作。

演化算法讨论分析

上面介绍的算法提供了演化算法最基本的思想，而实际上演化算法是一个算法族，也就是许多不同算法的集合。在演化算法中有不同的遗传基因表达方式，不同的生成和选择方法。

遗传基因的表达是演化算法中最精妙的部分，基因位除了可以是 0、1，还可以是实数、树，甚至是图。只要是计算机能够处理的数据结构，都可以用在遗传基因的表达中。那么也就可以认为能用计算机解决的问题都可以用演化算法来求解。遗传基因的表达与问题的性质有着很大的关系，合理的表达能够巧妙地解决问题的某些约束，提高求解的效率。

旅行商问题是给定一组城市和其他城市之间的距离，需要为商人选择一条路径，能够保证从起点城市巡游所有城市后回到初始城市的距离最短。用 0、1 编码，假设有四个城市，商人的旅行顺序是（1,2,4,3,1），则可以用表 5-3 的矩阵来表示。

表 5-3　旅行商问题中旅行顺序（1,2,4,3,1）对应的基因型

城市 步骤	第 1 站	第 2 站	第 3 站	第 4 站
1	1	0	0	0
2	0	1	0	0
3	0	0	0	1
4	0	0	1	0

可以用 1 来表示访问该城市，但是用这种方式进行问题的表达的时候，在种群进行交叉变异的过程中可能产生

不合理的解，出现同一个城市被访问两次的情况。对于不合理的解进行修复的过程是十分复杂的。然而如果用整数来表达问题，就可以有效地解除这个约束。

遗传算子是演化算法产生新解的方式，由于基因的表达是千奇百怪的，生成新解的方式也应当根据选择的数据结构进行相应变化。对于旅行商问题，用整数进行编码时，用单点交叉可能会生成不合理的解，比如两个个体 A、B 进行交叉，A 的基因型为（1，2，4，3），B 的基因型为（1，3，2，4）；在第二位进行单点交叉时，生成的两个个体为 C（1，2，2，4）和 D（1，3，4，3）。可以发现两个个体都是不合理的个体，C 会访问第二个城市两次，D 会访问第三个城市两次。

那么应该如何修正呢？对！就是把发生冲突的个体给替换掉。当交叉后个体的解产生冲突的时候，把交换段外的冲突位置进行互换，直到不存在无效解。于是交叉后的个体 C 为（1，3，2，4），个体 D 为（1，2，4，3），就可以继续进化。

遗传算子可以是与问题相关的，也可以是与问题不相关的。与问题不相关的算子产生新解的过程中保证了个体之间的交叉与变异，让种群自由进化，但不能够保证进化的效率；与问题相关的算子可以为问题指出特定的策略，提高求解的效率。产生新解的时候不仅仅可以从个体的数据结构出发，也可以与机器学习结合，利用机器学习强大的学习能力，学习种群的数据概率分布来辅助种群的进化。

尽管演化算法中有很多可能的变化，但它们的灵感都来自大自然的生物进化。在把演化算法运用到实际问题上的时候，我们需要思考的是：我们该如何定义个体？我们可以利用问题的哪些信息来指导种群的演化？演化的目标是什么？

在画《蒙娜丽莎》的例子中，我们使用多个不同颜色、不同形状的多边形来"画"一幅画。这里，我们就将"一幅画"定义成了一个个体，而组成这幅画的多边形，就是它的"基因组"，其中每一个多边形就是一个基因。我们拥有的信息是《蒙娜丽莎》的原图，我们演化的目标是通过用两幅图像的像素差距进行评估，让个体的《蒙娜丽莎》图像和《蒙娜丽莎》的原图尽可能地相似。定义好了这些，我们就可以通过演化算法生成"铅笔画"《蒙娜丽莎》了。通过第二节的描述可以看到，编码的时候不再是用简单的0、1字符串或者实数串，这种编码形式是经典的优化算法所不能表达的。

我们不仅仅可以用演化算法画画，还可以进行自动作曲来生成我们喜欢的风格的乐曲。读者可以合上书先思考一下，在作曲的过程中，个体是什么，演化目标是什么，以及我们如何对个体进行交叉和变异。

哈罗德·科恩（Harold Cohen）认为："创作不是在兴趣的可能范围内随意地漫步，而是有规则、受控制的。"那么，怎样才叫有规则、受控制的呢？在演化算法中，这种控制是指在乐曲的创作中自然的突变和交叉操作。与画画相似的是，用演化算法进行乐曲创作中的个体就是一首乐曲的乐谱，乐段是用于表现完整乐思的最小结构，是音乐中表达内容的最小单位。类似画作的产生，我们需要使用一些小的音乐片段来创作一首乐曲，可以用小乐段或者音符的合并、分离、改变来创造出新的乐曲。画作的生成中，需要用多边形的堆叠来生成图像，多边形可以用形状和颜色来进行描述，那么我们怎么描述乐段呢？音有强弱、高低、长短、音色等，这些都是可以根据我们的需求来定义的。音符的每一种特征都有着不同的分类：音符的力度可以是强拍、次强拍和弱拍；音符的高低是音符与某一个音之间的音高距离，有纯一度、大二度、大三度、纯四度等；音符的长短，也就是时值，有二拍、一拍、四分之三拍等；音色可以是钢琴、吉他、二胡等。音符的特征的每一种类型都可以用一个整数来表示。旋律中的每一个乐段都是由音符组成的，得到了音符的编码后就自然地得到了乐曲的编码。其实这里的整数也可以转成 0、1 编码，将一个整数进行编码，由于每一位都有 0、1 两种可能，所以对整数 n 进行编码最多需要 $\log_2 n$ 位。

我们的目标是演化旋律的和声结构尽可能地符合预期，但是适应度函数是很难准确定义的，所以可以用人工打分来代替适应度函数，通过与计算机的交互引导乐曲的演化方向。但是这种演化方式会有一定的主观性，有的人喜欢听爵士音乐，有的人喜欢听古典音乐，有的人喜欢听乡村音乐，每个人的音乐品位不同，评判标准也不同。而且，演化算法要经历一定的迭代次数，每一次迭代都要对个体进行评价，人在与算法的交互过程中需要听的乐曲数目是巨大的，比如算法演化 100 代，每一代的个体是 100 个，那么我们就需要听 10000 首乐曲，对它们进行评价。当然我们也可以把音乐信息体现在编码中，根据音乐知识来定义适应函数，这就需要一些专业的音乐知识背景了。读者在知道了演化算法的基本框架以及见证了摹画《蒙娜丽莎》的实现后，是不是跃跃欲试了呢？在了解乐曲创作中的个体编码后，可以尝试一下用自己的算法实现一个乐谱的生成啦！也许创作一支特定风格的乐曲对于我们来说还是比较抽象的，需要阅读一些音乐的背景知识，将音乐的风格转成数学表达式，但是我们可以先从简单的做起，先让计算机根据一首已知的乐曲进行学习，把写出已知乐曲的谱子作为我们的目标。

演化算法不受限于问题的具体领域，可以广泛应用于很多学科。在函数优化中，可以求解混杂了多种函数类型的用其他优化方法较难求解的函数；在组合优化中最常见的就是旅行商问题，在目前的计算机上很难甚至不可能求得其精确最优解，但往往可以用演化算法求得一个满意解；在生产调度中，可以用演化算法来安排物流的调度以减轻"双十一"期间快递公司的压力，也可以用演化算法来确定机床的工作流程来提高机床的利用率；在自动控制领域，可以用演化算法进行航空控制系统的优化；在机器人智能控制领域，可以用演化算法对机器人移动路径进行规划；在图像处理和模式识别领域，可以用演化算法进行图像恢复、图像边缘特征提取等。

小结

本章我们从计算机自动绘制"铅笔画"《蒙娜丽莎》问题引入了演化算法这一类优化算法。生活中常常有如电脑自动作画这类没有解析表达式且无法直接计算梯度的问题，对于此类问题，我们只能通过给一组决策变量来计算其对应的目标函数值，用常规的优化方法往往很难求解。演化算法通过模拟自然进化的过程，将问题的求解过程转换为类似生物进化过程，仅用适应度的函数值来评价个体，并在此基础上进行遗传操作。

我们首先介绍了自然界中的生物进化，根据达尔文在进化论中提出的"物竞天择，适者生存"原则，有利于生物适应环境生存的基因会在生物进化的过程中留下，而不利于生物生存的基因则会在进化的过程中消亡。借助生物进化的原理，我们介绍了演化算法的框架和核心要素。

在介绍了演化算法的基本思想后，我们将演化算法应用到了自动绘制《蒙娜丽莎》中。从编码到适应度函数，从初始化策略到交叉和变异算子，我们对于求解问题的过程进行了详细的描述。感兴趣的读者可以参考本章提供的代码画出属于自己的《蒙娜丽莎》。

接着，我们对演化算法进行了讨论分析。在用演化算法求解自动绘制《蒙娜丽莎》问题中，计算机如同一个永不疲倦的画家，不断地临摹原画来提高自己的绘画技术，从而产生令人满意的画作，而好的遗传算子和个体编码的设计可以提高"画家"学习的效率。最后，我们抛出了一个新的问题——乐曲创作，并对乐曲创作的背景知识进行了介绍。各位读者在了解了乐曲创作中的个体编码和适应度函数设计以后，是不是已经跃跃欲试了呢？那么就赶紧试试创作自己的作品吧！

六　女巫的糖果屋——多目标优化

从糖果屋到多目标优化

汉森和格雷特兄妹被继母扔在大森林中，迷路的兄妹俩走到了女巫的糖果屋，被女巫抓住，差点被吃掉，但他们凭借机智、勇气与合作，最终脱离了魔掌。这是我们耳熟能详的《格林童话》中"糖果屋"的故事。我们现在来把故事稍微改编一下：汉森和格雷特兄妹被继母扔在大森林中，他们迷路了，来到了女巫的糖果屋。饥肠辘辘的兄妹俩不仅发现女巫不在家，而且惊奇地发现女巫家里有好多糖果！每块糖果的重量、体积和提供的能量都不一样。兄妹俩正好带了一个小背包（见图6-1），由于他们力气有限、袋子的容积也有限，兄妹俩该装哪些糖果，才能保证他们在回家的路上有足够的食物来支撑呢？时间有限，得在女巫回家前尽快做好决定。我们该如何帮兄妹俩制定一个装糖果的方案呢？

图 6-1　糖果背包

这是一个有趣的小故事，其中也蕴含着非常深刻的数学原理。兄妹俩选择糖果的过程其实就是一个多目标优化问题求解的过程。下面我们对该问题进行形式化定义，其数学模型描述如下：

$$\begin{cases} \min\ W(x) \\ \max\ F(x) \\ V(x) \leqslant V_{\text{bag}} \end{cases}$$

其中 x 表示装糖果的一种方案，也就是问题的一个解；$W(x)$、$F(x)$、$V(x)$ 分别表示该方案中糖果的重量之和、其所能提供的能量之和以及糖果体积之和。该表达式包含三个目标要求：我们希望找到一种装糖果的方案，使得糖果的重量之和最小，这样兄妹俩背起来更轻松；同时要求这些糖果能提供的能量最多，这样兄妹俩在森林里就能生存更长时间；还要求糖果的总体积不能超过背包的总容量 V_{bag}。

帕累托最优解

假定女巫的糖果屋里共有 n 个糖果，我们用 $x=(x_1,$ $x_2,\cdots,x_n)$ 来表示一个装糖果的方案，其中，$x_i=1$（$i=1,$ $2,\cdots,n$）表示 i 号糖果装入背包，$x_i=0$ 表示 i 号糖果未装入背包。这样一个 n 位二进制串就可以表示一个装糖果的方案了。显然，这里一共有 2^n 种装糖果的方案。

下面我们来看看，这个问题的最佳方案是什么样的情况。我们可以通过简单的分析得出一个重要结论：重量目标 $\min W(x)$ 和能量目标 $\max F(x)$ 之间是有冲突的。显然，当 $x=(0,0,\cdots,0)$，也就是什么糖果也不装的时候，重量目标取得最小值，此时能量目标显然也是最小的；相反，当 $x=(1,1,\cdots,1)$，也就是所有糖果都装走的时候，能量目标取得最大值，但此时重量目标也会取得最大值。通过对两个目标之间矛盾的分析，我们发现不存在一个解使得这两个目标同时达到最优！这意味着这个问题没有最优解吗？

别急，我们再来做深入一点的分析。

假设现在我们找到了如图 6-2 所示的两种合法方案 A、B，即两种方案的糖果都能被背包所装下，A 方案中糖果所能提供的能量比 B 方案中糖果的能量要多，并且 A 方案中糖果的重量比 B 方案中糖果的要轻，那么是不是意味着 A 方案一定会比 B 方案更优？答案是肯定的。因为当 A 方案不论是在能量维度上还是在重量维度上都比 B 方案要好时，我们可以肯定 A 方案优于 B 方案。此时，我们称 A 方案支配 B 方案，B 方案被 A 方案支配。

我们现在考虑另一种情况，对于图 6-2 中的另外两种合法方案 C、D 来说，C 方案中的糖果能提供的能量比 D 方案中糖果的能量要多，但是 C 方案中糖果的重量比 D 方案中糖果的重量要重。那么此时对于方案 C 和方案 D，我们就很难直接判断哪种方案更好了，因为这两种方案都存在某一方面比另一方案更好。此时，我们称方案 C 不能支配方案 D，同时方案 D 也不能支配方案 C。

对于任意的两个合法方案，它们之间要么存在一种支配关系，即一个方案比另外一个方案好；要么它们之间不存在支配关系，即两个方案之间无法比较好坏。这种关系从数学的角度来说叫偏序关系。在多目标优化领域，这种支配关系又被称为帕累托占优关系。这种关系导致多目标优化问题不存在唯一的解。

对于合法的解 x，如果不存在另外一个合法的解来支配它，我们称 x 为一个帕累托最优解。所有帕累托最优解构成的解集叫作帕累托解集合。图 6-2 显示了多目标优化问题的帕累托最优解集。

19 世纪 80 年代，英国统计学家埃奇沃思（Francis Ysidro Edgeworth）和意大利经济学家帕累托（Vilfredo Pareto）开始系统研究多目标优化问题，他们发现问题的最优解是一个包含多个解的最优解集合。为了纪念他们的贡献，后人把问题的最优解命名为帕累托最优解，所有这些帕累托最优解构成的解集合成为帕累托最优解集（在目标空间中又

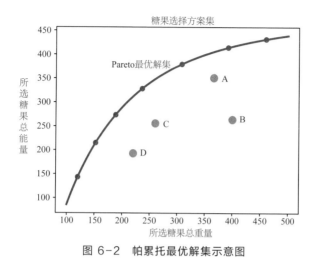

图 6-2　帕累托最优解集示意图

被称为帕累托前沿）。

多目标优化求解方法

　　多目标优化已广泛应用于科学和工程领域。总体而言，多目标优化方法可划分为两类：一类是传统的基于聚合技术的优化方法，如加权法和约束法，它们将多目标优化问题转换成一个单目标优化问题，并进行求解；另一类则是基于演化算法的方法，它可以直接求解问题的帕累托最优解集合。传统方法往往在使用时存在问题领域知识要求过高、参数难以调节等问题，而演化算法作为一种全局优化搜索算法，能够摆脱问题性质的限制，求解传统方法难以解决的复杂优化问题。自谢弗（David Schaffer）首次将演化算法应用于多目标优化问题求解以来，演化多目标优化已成为优化领域的研究热点。

理论上，多目标优化问题的帕累托最优解集可能是一个无限集合。考虑到计算效率，在多目标演化算法中，人们经常采用有限数目的解来逼近帕累托最优解集。关于多目标演化算法，一般有两个基本要求：

（1）收敛性：获得的逼近解集越靠近帕累托最优解集越好，这样确保逼近解集能高精度地逼近帕累托最优解集。

（2）多样性：获得的逼近解集中的点分布越均匀越好，这样确保算法已经对搜索空间进行了较好的勘探，帕累托前沿上不存在未被勘探的区域。

依据上述两个基本要求，我们就可以构造求解算法了。自20世纪90年代以来，研究者提出了多种求解方法，这些方法虽各有优劣和适用范围，但根据其基本原理大致可以分为两个类别：一类是基于帕累托占优关系的算法，它们实际上利用了帕累托最优解的相关定义来区分解的优劣，从而驱动算法运行；另一类是基于分解的算法，它们将一个多目标优化问题转换成一组单目标优化问题或者简单的多目标优化问题，然后通过协同合作的方式来共同求解转换后的问题。NSGA-II和MOEA/D是上述两类算法的典型代表，也受到了非常广泛的关注。我们在这里主要介绍NSGA-II这个算法。

NSGA-II算法与第五章中的简单遗传算法的基本框架思路很相似，也是通过基因编码的方式来表示一个解，随机产生初始种群，并且通过交叉算子以及变异算子来产生新的个体，然后通过选择来实现"优胜劣汰"，选择一些优良个体进入下一代，通过不断执行新解的生成和对后代解的选择来实现对问题的求解。不过与上一章不同的是，在多目标优化问题中，由于多个优化目标同时存在，不同优化目标之间的关系错综复杂，我们很难对多目标优化问题的解定义和计算一个适应度函数，因此无法直接使用上一章介绍的后代解选择策略。为此，NSGA-II 提出了一种非常高效的后代选择策略，它通过快速非支配排序算法将不同解根据其优劣程度进行分层，再在每一层级中，通过拥挤度计算，得出每一个解在解空间中的重要程度，这样我们就得以对于解集中的不同解进行优劣排序，最后再通过精英保留策略使得现有解集更加优秀。下面我们将具体介绍快速非支配排序算法是如何使得问题求解的复杂度大大降低的，拥挤度计算又是如何让搜索范围更加宽广的，以及精英保留策略是如何使已有的优秀解能够保留的。

快速非支配排序

前面介绍了帕累托占优关系是一个偏序关系，任意两个解不一定能够满足这个关系。但是依据这个关系却可以对群体中的个体进行分类。NSGA-II 算法正是通过快速非支配排序将当前所有的解分层，对于每一个解规定一个帕累托等级，帕累托等级低的个体能够支配帕累托等级高的个体。那快速非支配排序是如何工作的呢？

快速非支配排序是一个递归过程，从优到劣依次找出等级相同的个体。

（1）设当前所有解的解集为 S_1，从其中取出不能被其他个体支配的个体，放入集合 $Rank_1$，$Rank_1$ 中所有个体的帕累托等级即为 1。

（2）令 $S_2 = S_1 - Rank_1$，从 S_2 中取出不能被其他个体支配的个体构成 $Rank_2$，$Rank_2$ 中所有个体的帕累托等级即为 2。

（3）重复（2）步骤直至集合为空。

这样我们就找出了所有解的帕累托等级，$Rank_1$，…，$Rank_n$ 则形成了 n 个帕累托曲面（见图 6-3）。一般来说，帕累托等级低的解往往具有更好的适应性，比帕累托等级高的解更加优秀。快速非支配排序实际上是对上一节收敛性的实现，它对解的优劣做出了区分。

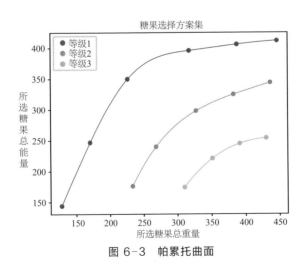

图 6-3　帕累托曲面

拥挤度计算

同一帕累托曲面上往往拥有不止一个解，为了使得到的解在目标空间中更加均匀，NSGA-Ⅱ引入了拥挤度的概念。

拥挤度是对于同一帕累托曲面上的解来说的。同一帕累托曲面上个体的拥挤度与其在目标空间中与之相邻的点有关，相邻的点之间的距离越小，拥挤度也就越小，相邻的点之间的距离越大，拥挤度也就越大。图 6-4 给出了计算拥挤度的示意图。针对某个目标，对所有个体进行从小到大的排序，排序最小和最大的个体拥挤度定义为 $+\infty$，其他个体的拥挤度为其左右两个邻居目标函数值的差。对每个目标都如此排序和计算，最后对所有目标上的拥挤度求和，得到个体最终的拥挤度。

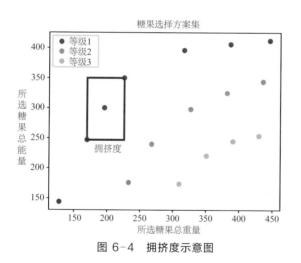

图 6-4　拥挤度示意图

拥挤度在一定程度上反映了解在目标空间中的稀疏程度。拥挤度较大的解在目标空间中相对稀疏，其特征更加值得研究，因此该解更值得被保留，特别是拥挤度为 $+\infty$ 的端点个体，其对保持群体的多样性和均匀性尤为重要。如此操作可以扩大算法的搜索范围，也使产生的解相对均匀。

NSGA-Ⅱ算法实现

同时进行快速非支配排序和拥挤度计算，就可以对所有的个体进行排序：

● 对于拥有不同帕累托等级的个体，帕累托等级越低越好，因为帕累托等级越低的个体越靠近帕累托解集；

● 对于拥有相同帕累托等级的个体，拥挤度越大越好，因为拥挤度大的个体更加具有代表性。

这样我们就可以知道任意不同解之间的相对优劣程度了，然后我们可以用这个策略来选择后代个体，即将交叉变异产生的子代与父代一起进行排序，并且最终选取最优的个体。这种选择策略不仅可以使得新的优秀解能够加入，能有效地防止已获得的帕累托最优解丢失，还能尽可能保证群体中个体分布的均匀性，实现了多目标演化算法收敛性和多样性的设计需求。

NSGA-Ⅱ算法框架描述如图6-5所示，该算法与上一章的遗传算法执行过程类似，在第1行初始化一个种群，在第4行利用交叉和变异等算子产生一组新的个体，在第6—9行执行选择操作，选择一些优良个体进入下一代，算法反复执行第2—8行，直到在第2行判断算法达到停止条件，这样就输出了对原问题帕累托最优解集的一个近似。

```
Function NSGA-II ()
  // 第 1 阶段: 初始化
1 初始化种群 Pop
  // 第 2 阶段: 主循环
2 if 满足终止条件 then                                    // 算法停止条件判断
3   输出 Pop 作为对 Pareto 解集的一个近似，并退出
4 利用交叉和变异算子产生子代群体 Q                           // 参考上一章交叉和变异算子
5 Q = Q ∪ Pop                                           // 父代、子代个体合并
6 对 Q 执行快速非支配排序形成若干个集合 P₁, P₂, ...           // 快速非支配排序
7 对集合 P₁, P₂, ...分别进行拥挤度计算                        // 拥挤度计算
8 依据 Pareto 等级和拥挤度对所有个体进行优劣排序，保留最优的一半进入下一代    // 选择后代
9 goto 第 2 行
```

图 6-5　NSGA-Ⅱ算法框架

求解与决策

上节已经介绍了多目标优化问题及一个基本的求解方法。我们下面来看看，如何用这个方法来具体求解一个问题。

假定女巫家里有 20 个糖果，每个糖果的重量分别为

W=（10, 16, 13, 26, 35, 4, 31, 17, 52, 55, 8, 43, 51, 11, 43, 19, 22, 46, 16, 37）

每个糖果的能量分别为

F=（8, 16, 51, 24, 13, 10, 29, 14, 20, 13, 31, 19, 12, 27, 36, 32, 42, 11, 23, 10）

每个糖果的体积分别为

V=（16, 24, 21, 27, 18, 26, 19, 19, 17, 10, 25, 13, 16, 24, 6, 23, 27, 22, 17, 28）

假设汉森和格雷特兄妹背包的最大体积为 V_{bag}=400。

装糖果的问题可以描述成如下多目标优化问题。

$$
\begin{cases}
\min W(x) = \sum_{i=1}^{20} W_i x_i \\
\max F(x) = \sum_{i=1}^{20} F_i x_i \\
\sum_{i=1}^{20} V_i x_i \leq V_{\text{bag}}
\end{cases}
$$

其中 $x = (x_1, x_2, \cdots, x_{20})$ 表示一种装糖果的方案，$W = (W_1, W_2, \cdots, W_{20})$，$F = (F_1, F_2, \cdots, F_{20})$ 和 $V = (V_1, V_2, \cdots, V_{20})$ 分别表示所有备选糖果的重量、能量和体积，背包的总容量为 V_{bag}。

算法适配

在上一章和本章，我们介绍了遗传算法和 NSGA-Ⅱ 的思路和框架。但是对于一个具体的问题来说，我们还需要对算法和问题做些适配工作，才能真正将算法用于问题求解。这些适配工作包括：考虑如何设计个体表达的数据结构，使用怎样的变异、杂交方法，等等。

个体表达结构

前面我们已经讲过了，对于这个问题来说，用来表达一个个体最合适的方式是 0、1 串，其中 1 表示第 i 个糖果被选中，0 表示第 i 个糖果未被选中。

交叉与变异算子

这里我们可以选择一种非常原始但有效的交叉方式。从种群中随机地选取一对父母，依次遍历个体的每一位，等概率地使用父亲或母亲该位上的值。这样就能把父母所携带的信息进行充分的融合，产生新的子代（见图 6-6）。

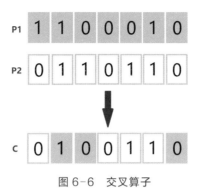

图 6-6　交叉算子

由于个体表达是简单的 0、1 串的形式，所以变异可以直接通过翻转某一位来实现。具体而言，首先设置一个参数 p_m，表示基因的变异概率。参数 p_m 不宜太高，太高则会导致变异后的个体面目全非，降低整体的收敛速度。参数 p_m 也不宜太低，太低则会降低种群的多样性。对于个体的每一位，随机生成一个随机数 rnd，若 rnd 小于 p_m，则翻转这一位的值，否则保留这一位（见图 6-7）。

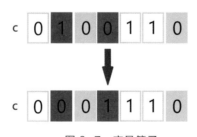

图 6-7　变异算子

交叉和变异算子的选择是灵活的，其他算子也可以用在这里，读者可以参考第五章中的一些策略。

实验测试

设置群体大小为 100，变异概率 $p_m=0.2$，停机条件为算法迭代 200 代之后停机。

执行 NSGA-Ⅱ 算法，初始种群的总重量和总能量值分布如图 6-8 所示，我们可以观察到，初始种群比较分散，根据支配关系依次组成了 11 个帕累托等级。

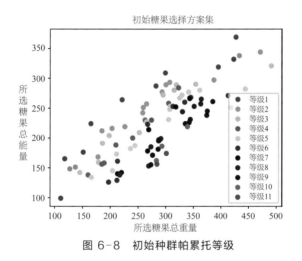

图 6-8 初始种群帕累托等级

之后迭代到第 1、3、5、10、20、30、50、100、200 代的分布如图 6-9 所示。

从 NSGA-Ⅱ 算法的迭代过程来看，随着较劣的个体被逐渐淘汰，种群的帕累托等级数目逐渐变少，直至所有个体都处于帕累托一级。由于 NSGA-Ⅱ 采用了拥挤度排序方法，最终个体的分布比较均衡，实验效果非常理想。

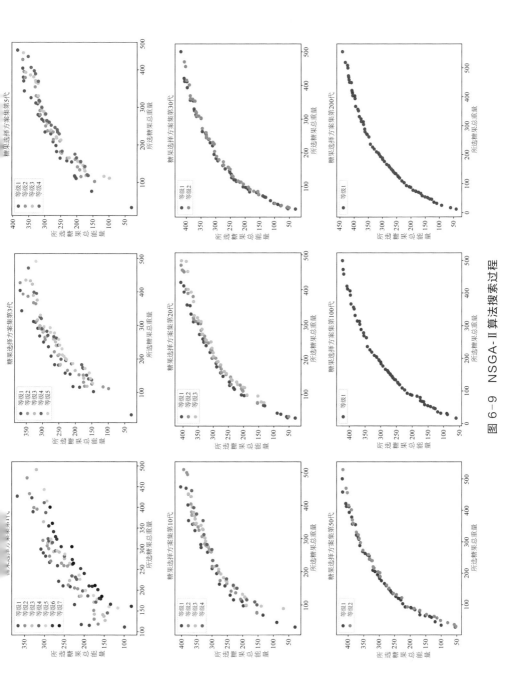

图 6-9　NSGA-Ⅱ算法搜索过程

最终决策

得到帕累托最优解集的近似之后，我们的工作就结束了吗？显然没有，因为 NSGA-Ⅱ算法得到的是一个解集，其中每个解都是一种装糖果的方案，显然汉森和格雷特兄妹最终只能选择一种方案来执行。从一组备选方案中选择最后方案的过程就是决策。这需要考虑更多的因素，特别是在定义优化目标函数的时候没有考虑到的因素，或者目标函数无法体现的因素。

相比于单目标优化，多目标优化可以给我们更加灵活的决策空间。打个比方，单目标优化好比是先在家决定好我想要怎样的商品，然后去商场购买一个最合我意的；而多目标优化好比是先去商场挑选一些我觉得还行的商品，然后回来慢慢试用琢磨，留下一个或多个喜欢的，再把不需要的给退掉。

兄妹俩的力气有限，想要让总重量尽量小一些，同时又想要获得尽可能大的能量。兄妹俩觉得这两个因素的重要性应该是五五开，所以最终决定最大化如下决策函数：

$$\max_{x \in \text{Pop}} g(x) = 0.5F(x) - 0.5W(x)$$

因为在多目标问题中，$F(x)$ 是极大化，$W(x)$ 是极小化，这里为了统一起见在 $W(x)$ 前加上了负号，$-W(x)$ 极大化等价于 $W(x)$ 极小化。两个 0.5 表示两个目标的重要性相同，都是 0.5。需要特别说明的是，目前的装糖果方案 x 的选择范围被缩小到 Pop，也就是 NSGA-Ⅱ算法最后输出的群体，它是对帕累托最优解集的近似。

由于 Pop 中个体的数量有限，我们可以一一枚举测试解集中的每一个解，求出最优的一个，如图 6-10 所示。

图 6-10 中的最优解为 $x=$（0，0，1，0，0，1，0，0，0，0，1，0，0，1，0，1，1，0，1，0），表示选取第 3、6、11、14、16、17、19 共 7 个糖果，总重量为 93，总能量为 216，而且不超出背包容量的限制。

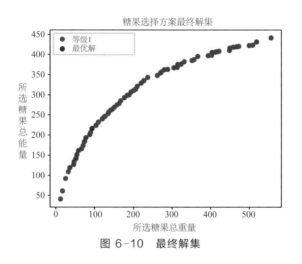

图 6-10　最终解集

至此，我们帮汉森和格雷特兄妹通过优化和决策两个步骤，选择了一种最合适他们的装糖果方案。还等什么呢？赶紧装好糖果逃离巫婆的魔掌吧！

小结

本章我们通过耳熟能详的糖果屋的故事引入，逐步介绍了多目标优化问题。多目标优化问题在日常生活中非常普遍，我们在做决定时，往往考虑不止一个方面的内容，而是需要在多个优化目标的基础上进行综合判断，尽可能使得多个目标之间相对平衡，以达到最优的效用。借助汉森和格雷特兄妹装糖果的例子，我们引入了帕累托最优解等基本概念，因为多目标优化中需要平衡各个目标的结果和差异，所以没有明确的单一可行解，我们需要寻找的往往是帕累托最优解集合。

接下来我们通过对 NSGA-Ⅱ算法的内容和流程做具体深入地介绍，逐渐明白了快速非支配排序可以对解集进行分级，而拥挤度计算又可以使解的重要程度得以体现，精英保留策略对于已获得的优秀解亦可以有效保留，这些使得原先难以直接比较的解集之间可以进行优劣程度的比较。

最后我们引入了一个具体的 NSGA-Ⅱ算法的实现例子，对个体基因信息的编码方法和交叉变异算子的选择都做出了介绍，并且通过 NSGA-Ⅱ算法在不同迭代次数时的结果，直观地了解到了其效用。

NSGA-Ⅱ算法在生产生活中应用广泛，感兴趣的读者可以进行进一步的了解和学习，结合实际问题进行尝试和研究。

参考文献

黄竞伟，朱福喜，康立山，2018. 计算智能 [M]. 北京：科学出版社.

拉塞尔，诺维格，2011. 人工智能：一种现代的方法 [M]. 北京：清华大学出版社.

尼克，2017. 人工智能简史 [M]. 北京：人民邮电出版社.

袁亚湘，孙文瑜，1997. 最优化理论与方法 [M]. 北京：科学出版社.

《运筹学》教材编写组，2013. 运筹学 [M]. 北京：清华大学出版社.

朱福喜，2017. 人工智能 [M]. 3 版 . 北京：清华大学出版社.

BACK T, FOGEL D B, 1997. Handbook of evolutionary computation[M]. Bristol: IOP Publishing Ltd.

DEB K, 2001. Multi-objective optimization using evolutionary algorithms[M]. Hoboken, NJ: Wiley.

GENDREAU M, POTVIN J-Y, 2019. Handbook of metaheuristics[M]. 3rd ed. Heidelberg: Springer.